凸解析の基礎

凸解析の基礎

―― 凸錐・凸集合・凸関数 ――

W・フェンヒェル著／小宮英敏訳

数理経済学叢書

知泉書館

刊行の辞

数理経済学研究センターは，数学・経済学両分野に携わる学徒の密接な協力をつうじて，数理経済学研究の一層の進展を図ることを目的に，平成９年に設立された。以来十数年にわたり，各種研究集会の開催，研究成果の刊行と普及などの活動を継続しつつある。

活動の一環として，このほど知泉書館の協力により，数理経済学叢書の刊行が実現のはこびに到ったことは同人一同の深く喜びとするところである。

この叢書は研究センターに設置された編集委員会の企画・編集により，(一) 斯学における新しい研究成果を体系的に論じた研究書，および（二）大学院向きの良質の教科書を逐次刊行するシリーズである。

数学の成果の適切な応用をつうじて経済現象の分析が深まり，また逆に経済分析の過程から数学への新たな着想が生まれるならば，これこそ研究センターの目指す本懐であり，叢書の刊行がそのための一助ともなることを祈りつつ努力したいと思う。

幸いにしてこの叢書刊行の企てが広範囲の学徒のご賛同とご理解を得て，充実した成果に結実するよう読者諸賢のお力添えをお願いする次第である。

2011 年 4 月

数理経済学叢書　編集委員一同

謝　辞

A.W. Tucker 教授は本書を著す機会を私に与えてくれ，最後の数節 (83-106 頁) で扱った問題に私を導いてくれた．感謝する次第である．また，J.W. Green 教授と H.W. Kuhn 教授の批判的意見と，そして特に本書執筆過程における D.W. Blackett 博士の貴重な助力に負うところ大である．

目　次

凸解析の基礎

——凸錐・凸集合・凸関数——

序

本書は他の研究領域で頻繁に使用される有限次元空間の凸錐，凸集合そして凸関数の諸性質の概要を記したものである．ゲーム理論や数理計画問題に応用される結果に重点をおいている．

第 1 章と第 2 章は線形空間とアフィン空間における凸性のふたつの様相：(1) その集合に属する任意の 2 点を端点とする線分を含むという凸集合そもそもの定義に用いられる性質と (2) その集合の各境界点を通る台が存在するという性質との相互作用を中心に議論する．集合の凸包とは，その集合の点のすべての重心の集合である．そして，その閉包はその集合を含むすべての半空間の共通集合である．この事実は凸性の概念の多くの応用の核心と考えられる．これはこの理論の重要な (しかし完全とはいえない) 自己双対性を示している．この双対性の射影的な最も一般化された定式化を第 2 章の最後に与える．

第 3 章の前半はよく知られた連続凸関数の基本的性質を扱う．微分可能性を仮定しないが，存在が保証される方向微分について調べ，それを広く適用する．この章の後半は最近の研究成果を含む．適切な極性を採用することにより凸関数間の対合的対応を確立し，それを一般化した凸計画問題に応用する．最後に凸関数のレベル集合を研究し，与えられたレベル集合をもつ凸関数の存在性を議論する．

世紀末より，多くの研究論文が凸集合と凸関数をその中心課題にあるいは部分的課題に据え扱ってきた．各研究分野では応用に適するよう異なる定式化の下に，多くの同一の結果が繰り返し発見されてきた．本書で取り上げた各定理について，それがその形で初めて登場した研究論文をいちいち引用するようなことはしなかった．実際，ほとんどの場合，基本的な概念と結果が最初に掲載された研究論文を何らかの形で探し当てることが可能である．本書の最後に短かい歴史的解説と参考文献を載せてある．

第1章
凸　錐

1.1　準　備

L^n を n 次元ユークリッドベクトル空間としその原点を 0 とする．そのベクトルを $x, y, \ldots$，内積を (x, y)，ノルムを $\|x\| = \sqrt{(x, x)}$，そして距離を $d(x, y) = \|x - y\|$ と表す．L^n のある正規直交基底を固定して考えている場合，ベクトル x と x のその正規直交基底に関する n 個の座標からなる組 $\begin{bmatrix} x_1 \\ \vdots \\ x_n \end{bmatrix}$ を同一視する．このとき，$(x, y) = x'y = \sum_{i=1}^{n} x_i y_i$ が成立する．

L^n の部分集合 M は，0 が M に属し，すべての非負実スカラー λ とすべての $x \in M$ に対し $\lambda x \in M$ が成立するとき，**錐**という．0 でないベクトル x に対し，そのスカラー倍 λx $(\lambda \geqq 0)$ すべてからなる特別な錐を**半直線**といい，これを (x) と表す．従って，少なくともひとつの 0 でないベクトルを含む錐は，それが含むすべての半直線の合併集合に他ならない．

自明でない錐は半直線を要素とする集合とみなせるので，L^n の位相からこれらの錐に位相を導入することが望ましい． これは $L^n - 0$ 上の距離となる，**角**

$$\phi(x, y) = \arccos \frac{x'y}{\|x\|\|y\|} \quad (0 \leqq \phi \leqq \pi)$$

を定義することにより達成される．この角は x と y が属す半直線 (x) と (y)

のみに依存するので，2つの半直線の間の角と考えることができる．この角が実際半直線間の距離であること，特に三角不等式を満たすことは自明なことではない．同値な距離として

$$[x, y] = \sqrt{2 - \frac{2x'y}{\|x\|\|y\|}}$$

が考えられる．この新しい距離は単位球 $\|z\| = 1$ 上の2点 $x/\|x\|$ と $y/\|y\|$ を結ぶ弦の長さである．すなわち，

$$[x, y] = d\left(\frac{x}{\|x\|}, \frac{y}{\|y\|}\right)$$

が成立する．明らかに $[x, y]$ は半直線 (x) と (y) のみに依存する．$[x, y]$ は半直線の空間上の距離の条件も満たす．この幾何学的考察からこの2つの距離 ϕ と $[\cdot,\cdot]$ は同相である．

半直線列 (x^ν) と半直線 (x) に対し，$[x^\nu, x] \to 0$ であるとき，(x^ν) は (x) に**収束する**という．半直線 (x) と錐 M に対し，(x) とは異なる M 内の半直線列 (x^ν) で (x) に収束するものが存在するとき (x) は M の**極限半直線**であるという．**閉錐**，すなわち，半直線の閉集合とは，そのすべての極限半直線を含む錐のことをいう．この意味で錐が閉であることと，それが L^n の通常の位相で閉であることとは同値である．錐が開であることは，その半直線に関する補集合が閉錐であることである．これは次の定義と同値である．

定義 錐 M について，M 内のすべての (x) に対し，$\varepsilon > 0$ が存在し，$[x, y] < \varepsilon$ であるようなすべての半直線 (y) が M に含まれるとき，M は開であるという．

このような半直線 (y) の集合は (x) の ε-**近傍**という．L^n の部分集合としての開錐は L^n の開集合に原点を付け加えたものである．半直線 (x) が錐 M の**内半直線**であるとは，ある $\varepsilon > 0$ に対し，M が (x) の ε-近傍を含むことをいう．錐 M の**補錐**が半直線 (x) の近傍を含むとき，(x) を M の**外半直線**という．錐 M の**境界半直線**とは M の極限半直線であるが，M の内半直線ではないものをいう．任意の錐 M に対し，M を含む L^n の最小の線形部分空間 $S(M)$ が存在する．この部分空間は M を含むすべての部分空間の共通集合として定義することも可能である．部分空間 $S(M)$ の次元 $d(M)$ は錐 M の線

形次元という．以下に登場する定理では $S(M)$ は多くの場合 L^n そのものよりも重要な役割を演じるだろう．これらの結果では，$S(M)$ に関して開や閉である錐や，$S(M)$ に関する内，外，境界半直線が，全空間 L^n に関するこれらの概念よりも興味の対象になるだろう．簡単のため，これらは**相対的内半直線**，**相対的外半直線**，**相対的境界半直線**ということもある．

1.2 凸　錐

錐 C は，C の任意の半直線 (x) と (y) に対し半直線 $(x+y)$ が C に含まれるとき，**凸**であるという．従って，ベクトルの集合とみた C が**凸錐**であるための必要十分条件は，C がベクトル

$$\lambda x + \mu y \quad (\lambda, \mu \geqq 0;\ x, y \in C)$$

をすべて含むことである．凸錐 C に含まれる最大の部分空間 $s(C)$ は C の**線形要素空間**と呼ばれ，$s(C)$ の次元 $l(C)$ は C の**線形要素次元**と呼ばれる．

補題 1　もし (x) が $S(C)$ に関する凸錐 C の内半直線であり (y) が $S(C)$ に関する C の境界半直線か内半直線であるならば，正実数 λ と μ を用いてえられる半直線 $(\lambda x + \mu y)$ はすべて $S(C)$ に関する C の内半直線である．

証明　場合 1： $(y) = (-x)$，すなわち，$(\lambda x + \mu y) = (x)$ または (y) の場合．$C = S(C)$ が成立することを示す．$y \in C$ と仮定してもよい．もしそうでないとすると，y に十分近い $y^* \in C$ で $(x^*) = (-y^*)$ が C に含まれる (x) の近傍に属するものがある．従って，(x^*) と (y^*) はこの補題の仮定を満たす．$z \neq 0$ を $S(C)$ の任意のベクトルとする．x と z で張られる平面 P を考えよう．$C \cap P$ は (x) の回りのある角を含む．この角の中には半直線 $(\bar{x})$ が存在し，z は $(\bar{x})$ と (y) から決まる π 未満の角の方に属している．よって，z は $\bar{x}$ と y の正係数の線形結合である．従って，z は C に属し，$C = S(C)$ が成立する．$S(C)$ のすべての半直線は $S(C)$ に関し開半直線であるのでこの補題が導かれた．

場合 2： $(y) \neq (-x)$ の場合．この場合 $(\lambda x + \mu y) \neq (y)$ が成立する．

場合 2.1： $y \in C$ の場合．$\eta > 0$ が存在して，C が (x) の $S(C)$ に関する η-近傍を含む．示さなくてはならないことは，ある $\varepsilon > 0$ が存在し，C が $S(C)$ に関する $(\lambda x + \mu y)$ の ε-近傍を含むことである．初めに任意の $\varepsilon > 0$ を考える．(z) を $(\lambda x + \mu y)$ の ε-近傍に属する任意の半直線とする．$z = \lambda x + \mu y + v$ とおき，そして z は $\|z\| = \|\lambda x + \mu y\|$ と正規化されていると仮定する．このとき

$$[\lambda x + \mu y + v, \lambda x + \mu y]^2 = \frac{\|v\|^2}{\|\lambda x + \mu y\|^2} < \varepsilon^2$$

が成立するので，

$$\|v\|^2 < \varepsilon^2 \|\lambda x + \mu y\|^2$$

をえる．ここでベクトル $x + v/\lambda$ を考えると，$\lambda(x + v/\lambda) + \mu y = z$ が成立している．$(x + v/\lambda)$ と (x) との距離は

$$\begin{aligned}[x + v/\lambda, x]^2 &= 2 - 2\frac{\|x\|^2 + (v'x)/\lambda}{\|x + v/\lambda\|\|x\|} < 2 - 2\frac{\|x\| - \|v\|/\lambda}{\|x\| + \|v\|/\lambda} \\ &= \frac{4\|v\|/\lambda}{\|x\| + \|v\|/\lambda} < \frac{4}{\lambda}\frac{\|v\|}{\|x\|}\end{aligned}$$

を満たす．$\varepsilon < (\lambda\|x\|\eta^2)/(4\|\lambda x + \mu y\|)$ であるならば，これは η^2 より小さい．よって，ε がこのように小さいならば $x + v/\lambda$ が C に属し，そして z が C に属す．

場合 2.2： $y \notin C$ の場合．y に収束するベクトル列 $y^\nu \in C$ が存在する．y が有界領域を動くときは，それに対応する ε はある正定数より大きく保てるので，ある固定された $\varepsilon > 0$ が存在して，すべての $\nu = 1, 2, \ldots$ に対し，$\lambda x + \mu y^\nu$ の ε-近傍が C 内に収まっている．$\lambda x + \mu y^\nu \to \lambda x + \mu y$ なので，$[z, \lambda x + \mu y] < \varepsilon$ を満たす各ベクトル z は十分大きな ν に対する ε-近傍に属する．これで証明が完了した．□

次のリストに簡単であるが重要な凸錐の性質を列挙しておく．

1. 凸錐 C の閉包 $\overline{C}$ は凸である．

   これは凸性の定義より直接導かれる．

2. $S(C)$ に関する凸錐 C の内部は凸錐である．

   これは補題 1 の系である．

3. 凸錐は $S(C)$ に関する内半直線をもつ．
   このことは以下の事実より導かれる．ベクトル $v(\lambda)=\lambda_1 x^1+\cdots+\lambda_d x^d$（ここで $x^1,\ldots,x^d$ は $S(C)$ の基底をなす C の固定されたベクトルであり，$\lambda_1,\ldots,\lambda_d$ は正の変数である）の集合は $S(C)$ 内で開である C 内の半直線の集合をなす．

4. 凸錐 C の相対的境界半直線 (z) のすべての近傍内に，C の外半直線が存在する．
   $(x)\neq(-z)$ を C の任意の相対的内半直線とする．もし N を (z) の与えられた近傍とすると，N 内の (w) で $w=-\eta x+z, \eta>0$ を満たすものをとる．従って，(w) は (x) と (z) で張られる平面内で (z) に近い半直線であり，(z) は (x) と (w) がなす角のうちの小さい方にある．もし (w) が C の外半直線ではないと仮定すると，補題 1 より，すべての半直線 $(\lambda x+\mu w)$ $(\lambda,\ \mu>0)$ は相対的内半直線となり，特に，$(z)=(\eta x+w)$ は相対的内半直線となってしまう．よって，(w) は C の外半直線である．
   全体空間からひとつの半直線を取り去った錐の例を考えれば，この性質が一般の錐に対しては成立しないことが分る．

5. 凸錐 C とその補錐は同じ境界半直線をもつ．
   これは性質 4 から直ちに証明される．

6. L^n 内で稠密な凸錐は L^n である．
   これは性質 4 より導かれる．

1.3　台

固定された $u\neq 0$ に対し，関係 $x'u\leqq 0$ によって定義される閉半空間は，錐 M を含むとき M の台という．

定理 1　もし C が凸錐で，(z) が C の外半直線ならば，(z) を含まない C の台が存在する．

証明 この定理を証明するためには，C 内のすべての x に対し $x'u \leqq 0$ となり，そして $z'u > 0$ であるようなベクトル u をみつけなくてはならない．これを示すには閉凸錐に対して示せば十分である．実際，錐の外半直線はその錐の閉包の外半直線でもあるからである．閉錐の半直線はコンパクト集合を形成するので，$[z, x^0] = \min_{(x)\in C}[z, x]$ をみたすある半直線 (x^0) が存在する．一般性を失うことなく $\|z\| = \|x^0\| = 1$ と仮定することができる．

場合 1．$[z, x^0] = \min_{(x)\in C}[z, x] = 2$ の場合．このとき $x^0 = -z$ であり，${x^0}'u < 0$ である任意のベクトル u が $z'u > 0$ である C の台を定義する．

場合 2．$[z, x^0] < 2$ の場合．z と x が単位ベクトルであるならば，$[z, x]$ は $z'x$ に関し単調減少関数であるので，$[z, x^0] = \min_{(x)\in C}[z, x]$ より，すべての $x \in C$ に対し，$z'(x/\|x\|) \leqq z'x^0$ が成立する．$x^0 \in C$ と $x \in C$ より $(1-\theta)x^0 + \theta x \in C$ $(0 \leqq \theta \leqq 1)$ が演繹されるので，$0 \leqq \theta \leqq 1$ を満たす任意の θ と任意の $x \in C$ に対し

$$z' \frac{(1-\theta)x^0 + \theta x}{\|(1-\theta)x^0 + \theta x\|} \leqq z'x^0$$

が成立する．従って，

$$z'x - z'x^0 \leqq z'x^0 \frac{\sqrt{(1-\theta)^2 + \theta^2\|x\|^2 + 2(1-\theta)\theta {x^0}'x} - 1}{\theta}$$

が成立する．θ が 0 に収束すると，極限における関係

$$z'x - z'x^0 \leqq z'x^0({x^0}'x - 1)$$

が導かれる．(右辺は平方根の式を θ の関数と見たときの $\theta = 0$ のおける微分係数である．) よって，

$$z'x \leqq (z'x^0)({x^0}'x)$$

すなわち

$$x'(z - (z'x^0)x^0) \leqq 0$$

がすべての $x \in C$ に対し成立する．z と x^0 は線形独立なので，

$$z - (z'x^0)x^0 \neq 0$$

が成立する．従って，$u = z - (z'x^0)x^0$ は C の台を定義する．z と x^0 は反対方向を向くベクトルではないので，$z'(z - (z'x^0)x^0) = 1 - (z'x^0)^2$ は 0 より大きい．これで定理 1 の証明が達成された．□

系 1 全体空間 L^n に等しくない凸錐は台をもつ．すなわち，それはある半空間に含まれる．

証明 もし $C \neq L^n$ ならば，少なくともひとつの C に含まれない半直線 (z) が存在する．もしこれが外半直線でないとすると，境界半直線であるので性質 4 より外半直線である他の半直線 (z^1) が存在する．定理 1 より C はこの外半直線を含まない半空間に含まれる．□

系 2 もし (z) が C の境界半直線ならば，$z'u = 0$ が成立するような C の台，$x'u \leqq 0$，が存在する．すなわち，z はこの台の境界上にある．

証明 $z^1, \ldots, z^t, \ldots$ を C の外半直線に対応するベクトルで z に収束しているものとする．各 t に対し，すべての $x \in C$ に対し $x'u^t \leqq 0$ であり，$z^{t\prime}u^t \geqq 0$ である台が存在する．u^t は単位ベクトルであると仮定できるので，あるベクトル u に収束する部分列をもつ．よって，すべての $x \in C$ に対し $x'u \leqq 0$ であり，$z'u \geqq 0$ である．$z \in \overline{C}$ なので，$z'u = 0$ が成立する．□

1.4　凸包と法線錐

M が錐であるとき，M を含むすべての凸錐の共通集合である錐 $\{M\}$ を M の**凸包**と呼ぶ．

任意の錐 M に対し，$\overline{\{M\}}$ は M を含む，従って，$\overline{M}$ を含む閉凸錐であるので，$\overline{\{M\}} \supset \{\overline{M}\}$ が成立する．より興味のある問題として，いつ $\overline{\{M\}} \subset \{\overline{M}\}$，すなわち，$\overline{\{M\}} = \{\overline{M}\}$ が成立するかという問題がある．2 次元の錐を色々観察してみると，もし $d(M) = 2$ ならば，$\overline{\{M\}} = \{\overline{M}\}$ が成立することが予想される．M が有限個の半直線から成っている，あるいは，M が閉で $l(\{M\}) = 0$ が成立するならば，この等式が成立することを後に証明する．一般にこの等式が成立しないことを，L^3 における次の例が示している．

$$M = \left\{ \text{ベクトル} \begin{bmatrix} x_1 \\ x_2 \\ x_3 \end{bmatrix} \middle| \ (x_1 - |x_3|)^2 + x_2^2 \leqq x_3^2 \right\}$$

この例では $\overline{M} = M$ で，$\{\overline{M}\}$ は $x_1 > 0$ で定義される開半空間と直線 $x_1 = x_2 = 0$ を合併したものである．一方 $\overline{\{M\}}$ は $x_1 \geqq 0$ で定義される閉半空間である．

定理 2 錐 M の凸包の閉包 $\overline{\{M\}}$ は M のすべての台の共通集合である．

証明 M のすべての台の共通集合 I は M を含む閉凸錐である．従って，$I \supset \overline{\{M\}}$ が成立する．(z) が I に含まれるが，閉凸錐 $\overline{\{M\}}$ には含まれない半直線であるとすると，それは $\overline{\{M\}}$ の外半直線である．よって，定理 1 より (z) を含まない $\overline{\{M\}}$ の台が 存在するが，これは (z) が I に含まれることに矛盾する．従って，$\overline{\{M\}} \supset I$ が成立する．□

錐 M のすべてのベクトル x に対し，$x'u \leqq 0$ が成立するようなすべてのベクトル u を集めた錐 M^* は M の**法線錐**と呼ばれる．M の台の外向きの法線ベクトルから成るからである．明らかに M^* は凸で閉である．定理 2 より，$\overline{\{M\}}^* = M^*$ が成立する．M が部分空間であるときは，M^* はその直交補空間である．

定理 3 $M^{**} = \overline{\{M\}}$ が成立する．

証明 もし $y \in M^{**}$ なら，定義より y は M^* の 1 つの台を定義している．すなわち，すべての $u \in M^*$ に対し，$y'u \leqq 0$ が成立している．定義より M^* は M の台を定義するベクトルをすべて集めたものであるので，y は M のすべての台に属する．従って，定理 2 より $y \in \overline{\{M\}}$ が成立し，$M^{**} \subset \overline{\{M\}}$ をえる．法線錐の定義より $M^{**} \supset M$ は明らかで，M^{**} は閉凸錐であるので，$M^{**} \supset \overline{\{M\}}$ が成立する．従って，$M^{**} = \overline{\{M\}}$ をえる．□

系 もし C が閉凸錐ならば，$C^{**} = C$ が成立する．

この関係があるので，C が閉凸であるとき，法線錐 C^* は C の**極錐**とも呼ばれる．

定理 4 任意の 2 つの錐 M と N に対し，

$$(M \cup N)^* = M^* \cap N^*$$

と

$$(M \cap N)^* \supset M^* \cup N^*$$

が成立する．

証明　もしすべての $x \in M \cup N$ に対し，$u'x \leqq 0$ が成立するならば，すべての $x \in M$ とすべての $x \in N$ に対し，$u'x \leqq 0$ が成立し，またその逆も成立するので，

$$(M \cup N)^* = M^* \cap N^*$$

である．この式の M の代わりに M^* を N の代わりに N^* を考えると，

$$(M^* \cup N^*)^* = M^{**} \cap N^{**}$$

が成立する．ここで法線錐を考えると，

$$\begin{aligned} M^* \cup N^* &\subset (M^* \cup N^*)^{**} \\ &= (M^{**} \cap N^{**})^* \\ &= (\overline{\{M\}} \cap \overline{\{N\}})^* \\ &\subset (M \cap N)^* \end{aligned}$$

をえる．□

系　もし C と D が凸錐ならば，

$$(C + D)^* = C^* \cap D^{*}$$ [1]

と

$$(\overline{C} \cap \overline{D})^* = \overline{C^* + D^*}$$

が成立する．

---

1)　ふたつの錐 M と N の和 $M + N$ は $x + y$, $x \in M$, $y \in N$ の形のすべてのベクトルの集合として定義する．

証明　一般の錐 M と N に対し，$\{M \cup N\} \supset M + N \supset M \cup N$ が成立する．$\{M \cup N\}^* = (M \cup N)^*$ が成立するので，$(M+N)^* = (M \cup N)^*$ が成立する．よって，凸錐に対して，$(C+D)^* = C^* \cap D^*$ が成立し，さらに $(C^* + D^*)^* = C^{**} \cap D^{**} = \overline{C} \cap \overline{D}$ も成立する．従って，$\overline{C^* + D^*} = (C^* + D^*)^{**} = (\overline{C} \cap \overline{D})^*$ が成立する．□

定理 5　任意の錐 M に対し

$$d(M) + l(M^*) = n$$

と

$$l(\{M\}) + d(M^*) \leqq l(\overline{\{M\}}) + d(M^*) = n$$

が成立する．

証明　$s(M^*) \subset M^*$ なので，法線錐の定義より，$s(M^*)^* \supset M^{**} \supset M$ である．$s(M^*)^*$ は次元 $n - l(M^*)$ の部分空間であるので，$n - l(M^*) \geqq d(M)$ が成立する．一方，$S(M) \supset M$ である．よって，$S(M)^* \subset M^*$ が成立する．$S(M)^*$ は次元 $n - d(M)$ の部分空間なので，$n - d(M) \leqq l(M^*)$ が成立する．よって，$l(M^*) + d(M) = n$ である．この関係で，M に M^* を代入すると

$$l(M^{**}) + d(M^*) = l(\overline{\{M\}}) + d(M^*) = n$$

をえる．$l(\{M\}) \leqq l(\overline{\{M\}})$ が成立するので，定理が証明された．□

系　閉凸錐 C に対し，

$$l(C) + d(C^*) = n$$

と

$$l(C^*) + d(C) = n$$

が成立する．

1.5 凸包と正の線形結合

定理 6 $\{M\}$ のベクトル x は，$x^\rho \in M$ と $\lambda_\rho \geqq 0$ を使い，$x = \lambda_1 x^1 + \cdots + \lambda_r x^r$ の形に表される．

証明 このような形の非負係数の有限線形結合が $\{M\}$ に属し，そして一方でこれらの線形結合の全体が凸錐を成すことから直ちにえられる．□

定理 7 $\{M\}$ 内の任意のベクトル $x \neq 0$ は M 内の線形独立なベクトルの正係数の線形結合で表される．(このことは $\{M\}$ の任意のベクトルが M の $d(M)$ 個のベクトルの非負係数の線形結合で表現されることを示している．ここで $d(M)$ は M の線形次元である．)

証明 定理 6 より，M のベクトル x^ρ と定数 $\lambda_\rho \geqq 0$ を用いて $x = \lambda_1 x^1 + \cdots + \lambda_r x^r$ と書けている．もしベクトル $x^1, \ldots, x^r$ が線形従属ならば，すべてが零とは限らない実数 $\mu_1, \ldots, \mu_r$ があり，$\mu_1 x^1 + \cdots + \mu_r x^r = 0$ が成立している．少なくともひとつの μ_ρ は正であると仮定することができる．τ を

$$\frac{\lambda_\tau}{\mu_\tau} = \min_{\rho:\mu_\rho>0} \frac{\lambda_\rho}{\mu_\rho} \geqq 0.$$

が成り立つような添字とする．このとき，

$$\begin{aligned} x &= \lambda_1 x^1 + \cdots + \lambda_r x^r - \frac{\lambda_\tau}{\mu_\tau}(\mu_1 x^1 + \cdots + \mu_r x^r) \\ &= \left(\lambda_1 - \frac{\lambda_\tau \mu_1}{\mu_\tau}\right) x^1 + \cdots + \left(\lambda_r - \frac{\lambda_\tau \mu_r}{\mu_\tau}\right) x^r \end{aligned}$$

が成立する．すべての ρ に対し $\lambda_\rho - (\lambda_\tau \mu_\rho)/\mu_\tau \geqq 0$ が成立し，$\lambda_\rho - (\lambda_\tau \mu_\rho)/\mu_\tau = 0$ が $\rho = \tau$ に対し成立するので，上の式は x が r 個よりも少ないベクトルの非負線形結合による表記となっている．従って，r が最小である状況では，$x^1, \ldots, x^r$ は線形独立でなければならない．これで証明が終る．□

補題 2 もし H が錐 M の支持超平面ならば，

$$\{M \cap H\} = \{M\} \cap H$$

が成立する．

証明 $\{M \cap H\} \subset \{M\}$ と $\{M \cap H\} \subset H$ が成立するので, $\{M \cap H\} \subset \{M\} \cap H$ が成立する. $\{M \cap H\}$ と, M の台となっている方の H によって決定される開半空間との合併集合 D を考える. D は凸で M を含むので $\{M\}$ も含む. 一方 $D \cap H = \{M \cap H\}$ なので, $\{M \cap H\} \supset \{M\} \cap H$ が成立する. □

補題 3 もし $s = s(\{M\})$ が錐 M の凸包 $\{M\}$ に含まれる最大の部分空間ならば,

$$\{M \cap s\} = s$$

が成立する.

証明 $d - l$ に関する数学的帰納法を用いて証明する. ここで d は M の線形次元である. そして, l は s の次元である $\{M\}$ の線形要素次元である. もし $d = l$ ならば, $s = S(M)$ なので $M \cap s = M$ である. よって, $\{M \cap s\} = \{M\}$ が成立する. $s \subset \{M\} \subset S(M)$ で $s = S(M)$ なので, $\{M \cap s\} = s$ が成立する.

もし $d > l$ ならば, H を $S(M)$ 内の M の支持超平面とする. 補題 2 より, $\{M \cap H\} = \{M\} \cap H$ が成立する. $\{M \cap H\}$ の次元は高々 $d - 1$ であり, s は $\{M \cap H\}$ に含まれる最大の部分空間である. 従って, 帰納法の仮定 $s = \{(M \cap H) \cap s\}$ より直ちに $s = \{M \cap (H \cap s)\} = \{M \cap s\}$ をえる. これで帰納法により補題が証明された. □

定理 8 M を $\{M\} = S(M)$ を満たす錐とする. 少なくとも 1 つは零ベクトルでないベクトルを含む M の有限部分集合 V に対し, M の高々 $d = d(M)$ 個のベクトルから成る集合 W で, $V \cup W$ 内のベクトルが正係数をもって線形従属であるようなものが存在する. 逆に, もし M 内の有限部分集合で, それが $S(M)$ を張り, 正係数をもって線形従属であるならば, これらのベクトルで決まる半直線の凸包は $S(M)$ に等しい. 従って $\{M\}$ は $S(M)$ に等しい.

証明 $y^1, \ldots, y^r$ を V のベクトルとする. すると定理 7 よりベクトル $-y^1 - \cdots - y^r$ は M 内の高々 d 個のベクトルの正係数の線形結合である.

$x^1, \ldots, x^r$ を錐 M のベクトルで $S(M)$ を張っていて,

$$\mu_1 x^1 + \cdots + \mu_r x^r = 0$$

を満たすような定数 $\mu_\rho > 0$ が存在するものとする．N を半直線 $(x^1), \ldots, (x^r)$ から成る錐とする．もし $\{N\}$ が $S(M)$ に等しくないならば，定理 1 の系 1 より，N の $S(M)$ に関する台が存在する．この半空間は，固定されたベクトル $u \neq 0$，$u \in S(M)$，により $x'u \leqq 0$ と表現されているとする．このとき，$\rho = 1, \ldots, r$ に対し，$x^{\rho\prime} u \leqq 0$ であるので，$(\mu_1 x^1 + \cdots + \mu_r x^r)'u = 0$ より $\mu_\rho x^{\rho\prime} u = 0$ が演繹され，従って，すべての ρ に対し $x^{\rho\prime} u = 0$ である．これらの x^ρ は全空間 $S(M)$ を張るが，これは不可能である．これが定理の後半の主張を証明している．□

系　錐 M に対し，$\{M\} = S(M)$ で，$d = d(M) > 0$ とする．このとき，正係数をもって線形従属な高々 $d+1$ 個の零でないベクトルから成る M の部分集合が存在する．そして，正係数をもって線形従属な $S(M)$ を張る高々 $2d$ 個のベクトルから成る M の部分集合が存在する．

証明　これは V が 1 つのベクトルあるいは d 個の線形独立なベクトルから成るとき，定理 8 より導かれる．□

次の例は第 1 の主張において $d+1$ が可能な最良の数であることを示している．$x^1, \ldots, x^d$ が L^n の部分空間の基底を成すとする．$(x^1), \ldots, (x^d)$ と $(-x^1 - \cdots - x^d)$ から成る錐 M は，$d(M) = d$ を満たし，そして，正係数をもって線形従属な d 個のベクトルから成る部分集合をもたない．半直線 $(x^1), \ldots, (x^d), (-x^1), \ldots, (-x^d)$ から成る錐は，$2d$ が第 2 の主張の可能な最良の結果であることを示す例となっている．

定理 9　M を錐とし，$l > 0$ を $\{M\}$ の線形要素次元とする．このとき，高々 $l+1$ 個の零でないベクトルから成る，正係数をもって線形従属な M の部分集合が存在する．そして，高々 $2l$ 個のベクトルから成り，$s(\{M\})$ を張り，正係数をもって線形従属な M の部分集合が存在する．もし M の有限部分集合で，その集合に属する r 個のベクトルが線形独立で全体としては正係数をもって線形従属であるならば，$r \leqq l$ であり，これらのベクトルで決まる半直線の凸包は $s(\{M\})$ の r 次元部分空間である．

証明　補題 3 より，これは錐 $M \cap s$ に定理 8 とその系を適用すればよい．□

前述の結果により，先に述べた (第 1.4 節の先頭) $\overline{\{M\}} = \{\overline{M}\}$ の正当性を証明することができる．

定理 10 もし M が有限個の半直線より成るならば，$\overline{\{M\}} = \{M\}$ が成立する．

証明 x が $\overline{\{M\}}$ に属すならば，$\{M\}$ 内にベクトル $x^\nu = \lambda_{1\nu}x^{1\nu} + \cdots + \lambda_{r\nu}x^{r\nu}$，$\nu = 1, 2, \ldots$ が存在し，$\nu \to \infty$ のとき $x^\nu \to x$ となっている．ここで $x^{\rho\nu} \in M$ で，定理 7 よりベクトル $x^{1\nu}, \ldots, x^{r\nu}$ は線形独立であると仮定してもかまわない．すべてのベクトル x，x^ν と $x^{\rho\nu}$ は単位ベクトルであるとしても一般性は失われない．列 x^ν を，その部分列で置き換えることにより，r が ν に依存しないとすることができる．さらに部分列を考えることにより，単位ベクトル $x^{\rho\nu}$ はある単位ベクトル $\overline{x}^\rho$ に収束しているとしてよい．M の中には有限個の半直線しか存在しないので，すべての ν と ρ について，$x^{\rho\nu} = \overline{x}^\rho$ と仮定してよい．従って，当初の列 x^ν は r が ν に依存せず $x^\nu = \lambda_{1\nu}\overline{x}^1 + \cdots + \lambda_{r\nu}\overline{x}^r$ と表記できるように選ばれているとしてよい．関数 $f(\mu_1, \ldots, \mu_r) = \|\mu_1\overline{x}^1 + \cdots + \mu_r\overline{x}^r\|^2$ を考える．$\overline{x}^\rho$ が線形独立であるので，球面 $\sum_{\rho=1}^r \mu_\rho^2 = 1$ の上でこの関数は正の最小値 m をもつ．従って，$\|\lambda_1\overline{x}^1 + \cdots + \lambda_r\overline{x}^r\|^2 \geqq m(\lambda_1^2 + \cdots + \lambda_r^2)$ が成立する．$\|\lambda_{1\nu}\overline{x}^1 + \cdots + \lambda_{r\nu}\overline{x}^r\| = 1$ なので，$\lambda_{\rho\nu}$ は $\sqrt{1/m}$ でおさえられる．従って，すべての ρ に対し，$\nu \to \infty$ のとき $\lambda_{\rho\nu} \to \lambda_\rho$ であるような x^ν の部分列が存在する．ここで，λ_ρ は非負実数である．従って，$x = \lambda_1\overline{x}^1 + \cdots + \lambda_r\overline{x}^r$ となり，x は $\{M\}$ に属する．□

定理 11 M が閉で $l(\{M\}) = 0$ ならば，$\overline{\{M\}} = \{M\}$ が成立する．

証明 x を $\overline{\{M\}}$ とし，x^ν を $\{M\}$ 内の x に収束する列とする．このとき，

$$x^\nu = \lambda_{1\nu}x^{1\nu} + \cdots + \lambda_{r\nu}x^{r\nu}$$

と，$\lambda_{\rho\nu} \geqq 0$ と $x^{\rho\nu} \in M$ を使い表されている．ここで $x^{\rho\nu}$ は単位ベクトルであり，r は $S(M)$ の次元 d 以下であると仮定してもよい．定理 10 の証明のように，r が ν に依存しないように，そして，$\nu \to \infty$ のとき $x^{\rho\nu} \to \overline{x}^\rho$ となるように列 x^ν を選ぶことができる．M が閉錐であり，$x^{\rho\nu}$ が単位ベクトルであるので，$\overline{x}^\rho$ も M 内の単位ベクトルである．もし $y^1, \ldots, y^r$ が $S(M)$ 内の非負係数をもって線形独立な単位ベクトルならば，関数 $\|\mu_1 y^1 + \cdots + \mu_r y^r\|^2 = f(\mu_1, \ldots, \mu_r)$，$\mu_\rho \geqq 0$，$\sum_{\rho=1}^r \mu_\rho^2 = 1$ は正の値をもち連続である．従って，それは正の最小値 $m(y^1, \ldots, y^r)$ をもつ．M 内の r 個の単位ベクトルの集

合上の関数 $m(z^1,\ldots,z^r)$ を考える．$\mu_\rho \geqq 0$ と $\sum_{\rho=1}^r \mu_\rho^2 = 1$ を伴う関係 $\mu_1 z^1 + \cdots + \mu_r z^r = 0$ が成立することは $\{M\}$ が線形部分空間を含まないという仮定に矛盾する (定理 9)．従って，M 内の任意の r 個の単位ベクトルは非負係数をもって線形独立である．M が閉なので，M 内の r 個の単位ベクトルの集合は，r 個の単位球面の直積内の閉集合である．従って，$m(z^1,\ldots,z^r)$ は正の最小値 m をもつ．よって，$\|x^\nu\|^2 = \|\lambda_{1\nu}x^{1\nu} + \cdots + \lambda_{r\nu}x^{r\nu}\|^2 \geqq m \sum_{\rho=1}^r \lambda_{\rho\nu}^2$ が成立する．$x^\nu \to x$ なので，$\|x^\nu\|$ は有界であり，よって，$\sum_{\rho=1}^r \lambda_{\rho\nu}^2$ は有界である．従って，$\nu \to \infty$ であるとき，$\lambda_{\rho\nu} \to \lambda_\rho$ であるような列 x^ν の部分列を取ることができる．このような取り方に対し，

$$x = \lambda_1 \overline{x}^1 + \cdots + \lambda_r \overline{x}^r$$

が成立し，$x \in \{M\}$ をえる．□

定理 12 C を全空間 L^n とは異なる閉凸錐とする．H を $x'u \leqq 0$ で定義される C の台の境界である超平面とする．このとき，$C \cap H = s(C)$ であるための必要十分条件は (u) が C^* の相対的内半直線であることである．

証明 (u) を C^* の相対的内半直線と仮定する．$d(C^*) = d$ とおき，$v^1,\ldots,v^{d-1}$ を $u, v^1,\ldots,v^{d-1}$ が $S(C^*)$ の基底となるようなベクトルとする．ベクトル

$$u^1 = u + v^1,\ \ldots,\ u^{d-1} = u + v^{d-1},\ u^d = u - v^1 - \cdots - v^{d-1}$$

を考える．これらも $S(C^*)$ の基底となっている．

選んだベクトル $v^1,\ldots,v^{d-1}$ は十分小さく $u^1,\ldots,u^d$ が C^* に属していると仮定する．(u) が C^* の相対的内半直線であるのでこれは可能である．そして，

$$u = \frac{1}{d}(u^1 + \cdots + u^d)$$

が成立している．$x \in C \cap H$ と仮定すると，$x'u^1 \leqq 0,\ \ldots,\ x'u^d \leqq 0$ と $x'u = 0$ が成立する．よって，$x'u^1 = 0,\ldots,x'u^d = 0$ が成立する．u^ρ が部分空間 $S(C^*)$ を張っているので，x は $S(C^*)$ の直交補空間に属する．この直交補空間は $s(C)$ を含み，次元が $n - d(C^*)$ である．定理 5 の系より，$l(C) = n - d(C^*)$ が成立する．よって，この 2 つの空間は一致する．これで定理 12 の十分条件の部分が証明された．

他方，(u) が C^* の相対的境界半直線と仮定する．このとき，$x'v^\nu \leqq 0$ は C の台を定義しないが，v^ν が u に収束するように，$S(C^*)$ 内の列 $v^1, v^2, \ldots, v^\nu, \ldots$ を選ぶことができる．これはすべての v^ν に対し，$x^{\nu\prime}v^\nu > 0$ であるような $x^\nu \in C$ をみつけられることを意味する．任意の $w \in S(C^*)$ と $x \in s(C)$ に対し $w'x = 0$ が成立するので，x^ν は $s(C)$ に属さない．$s(C)$ に属す z^ν と，C と $s(C)$ の直交補空間に属す y^ν を使い，x^ν を $y^\nu + z^\nu$ と表す．このとき，$y^{\nu\prime}v^\nu = x^{\nu\prime}v^\nu > 0$ が成立する．一般性を失うことなく $\|y^\nu\| = 1$ と仮定できる．y^ν の適当な部分列はある単位ベクトル y に収束している．この y に対し，$y'u \geqq 0$ が，よって，$y'u = 0$ が成立する．しかし，y は $s(C)$ に属さない．これで定理の証明が完了した．□

1.6 端半直線と台

定理 13 もし C が1より大きい次元をもつ閉凸錐で，C が $S(C)$ にも $S(C)$ の半空間にも等しくないならば，C は相対的境界半直線の凸包である．

証明 C が部分空間や半空間に等しくないということは $l = \dim s(C) \leqq d(C) - 2$ ということを意味する．$s(C)$ が $S(C)$ における C のすべての支持超平面に含まれ，そして，$C \neq S(C)$ より少なくともひとつこのような超平面が存在するので，$s(C)$ 内のすべての半直線は C の相対的境界半直線である．z を C に属するが $s(C)$ には属さない任意のベクトルとする．$l \leqq d(C) - 2$ なので，ベクトル z を含み $s(C)$ と原点のみで交わる $S(C)$ 内の平面 P が存在する．高々2次元の錐 $P \cap C$ は z を含むが，$P \cap s(C) = 0$ なので互いに反対方向を向く2つの半直線を含むことはない．従って，それは平面 P 内の π 未満の扇形である．よって，z は $P \cap C$ の相対的境界ベクトルの非負線形結合である．しかし，$P \cap C$ の相対的境界半直線は C の相対的境界半直線である．従って，(z) は C の相対的境界半直線の凸包に含まれる．これで定理13の証明が完了した．□

定義 凸錐 C の半直線 (x) は，x が C 内の線形独立な2つのベクトルの正線形結合ではないとき，C の端半直線という．

明らかにこの定義は半直線を代表するベクトル x の取り方に依存しない．

定理 14 $l(C) = 0$ である閉凸錐 C はその端半直線の凸包である．

証明 $l(C) = 0$ であるような 1 次元錐に対しては，その錐の唯一の半直線がその錐の端半直線であるので成立している．

この定理が d より小さい次元の錐に対し証明されていると仮定する．(x) を d 次元閉凸錐の相対的境界半直線とする．(x) を含む支持超平面 H をとる．$C \cap H$ はその次元が高々 $d-1$ である閉凸錐である．帰納法の仮定より $C \cap H$ はその端半直線の凸包である．C は H を境界とする半空間のどちらかに含まれるので，$C \cap H$ の端半直線は C の端半直線でもある．従って，C のすべての相対的境界半直線は C の端半直線の凸包に含まれる．よって，定理 13 より C はその端半直線の凸包に含まれる．これで帰納法の証明が完了する．□

閉凸錐とその支持超平面との共通集合の中に含まれる半直線が唯一であるとき，その半直線が必然的に端半直線になることを覚えておくと，特別な形状の錐の端半直線を決定するときに便利である．しかし，一般の閉凸錐に対し，すべての端半直線がその支持超平面との共通集合としてえられるわけではない．例えば，L^3 において，円錐 D と (x) と $(-x)$ が共に D の外側にある半直線 (x) との凸包を C とすると，C の曲面となっている表面と平面となっている表面の接合部分である端半直線は C と C のいかなる支持平面との共通集合ともなっていない．これらの 2 つの半直線のうちのひとつを含む任意の支持平面は，この半直線と (x) で張られる 2 次元錐全体を含んでいる．

定義　凸錐 C の台 $x'u \leqq 0$ は，u が C の台の外向きの 2 つの線形独立な法線ベクトルの正凸結合ではないとき，別の言い方をすると (u) が C^* の端半直線であるとき，C の**端台**という．

定理 15 $d(C) = n$ である閉凸錐 C はその端台の共通集合である．

証明 これは C^* に定理 14 を適用したものと定理 6 よりえられる．□

定義　錐は，それが有限個の半直線の凸包であるとき，**多角錐**という．

部分空間は多角錐である．多角錐の和は多角錐であることは明らかである．

多角錐の極錐は有限個の半空間の共通集合である．なぜなら，C を半直線 (a^ρ)，$\rho = 1, \ldots, r$ の凸包とすると，C^* は $u'a^\rho \leqq 0$，$\rho = 1, \ldots, r$，を満たすすべてのベクトル u から成る．よって，C^* はこれらの半空間の共通集合である．

定理 16 多角錐の極錐は多角錐である．言い換えると，凸錐が多角錐であることと，それが有限個の半空間の共通集合であることが同値である．

証明 C を半直線 (a^ρ)，$\rho = 1, \ldots, r$，の凸包とする．このとき，C^* は半空間 $u'a^\rho \leqq 0$ の共通集合である．もし (u^0) が C^* の端半直線であれば，ベクトル u^0 は $n-1$ 個の独立な線形方程式系 $u'a^\rho = 0$ を満たす．なぜなら，もしそうでないとすると，少なくとも2次元の (u^0) の近傍が存在し，その近傍内のすべての半直線はすべての不等式 $u'a^\rho \leqq 0$ を満たし，(u^0) は端半直線とはなりえない．$n-1$ 個の独立な線形方程式系 $u'a^\rho = 0$ は有限個しか存在しないので，C^* は有限個の端半直線しかもたない．

もし $l(C^*) = 0$，すなわち $d(C) = n$ ならば，定理14より C^* は多角錐である．もし $d(C) < n$ ならば，これを $S(C)$ 内の C に適用して，$C^* \cap S(C)$ が多角錐であることをえる．C^* は，$C^* \cap S(C)$ と部分空間 $s(C^*) = S(C)^*$ の和であるので，多角錐である．□

1.7 線形斉次不等式系

これまでえた多角錐に関するいくつかの結果を特殊化することにより，線形斉次不等式系の可解性に関する様々な定理がえられる．

本節ではベクトル x に対し，$x \geqq 0$ または $x > 0$ は，対応する不等式が各成分に対し成立することを意味するものとする．$x \geq 0$ は $x \geqq 0$ であるが，$x \neq 0$ であることを意味する．

A を $m \times n$ 行列とする．ξ と x で，L^m 内と L^n 内のベクトルをそれぞれ表す．(どちらも列行列とみなす．) A は固定し，ξ と x は変数とする．このとき，以下の主張が成立する．

I. 次の 2 つの線形不等式系において，どちらか一方のみが解をもつ．

$$Ax > 0$$

$$A'\xi = 0, \quad \xi \geq 0$$

II. 次の 2 つの線形不等式系において，どちらか一方のみが解をもつ．

$$Ax \geq 0$$

$$A'\xi = 0,\ \xi > 0$$

これらの主張は L^m あるいは L^n において幾何的に解釈することができる．これらの空間のそれぞれにおいて，ξ と x がベクトルあるいは超平面を表しているとする双極的な解釈が存在する．最も有用な 2 通りの解釈を以下に示す．

第 1 の解釈：x を L^n の超平面の法線ベクトル，A の行を L^n のベクトルと考える．$Ax > 0$ の解の存在性は A の行ベクトルによって決まる半直線から成る錐 M が，M との共通集合が原点のみから成る支持超平面をもつことを意味する．このようなことが起こるための必要十分条件は $\{M\}$ の線形要素次元が 0 であることである．一方，これは，A の行の間に非負係数による自明でない線形関係が存在しないこと，すなわち，$A'\xi = 0$ かつ $\xi \geqq 0$ が $\xi = 0$ を含意することと同値である (定理 9)．このことより I が成立する．

$d = d(M)$ を M の線形次元とする．このとき，d は A の階数そのものである．$Ax > 0$ が解をもたないと仮定する，すなわち，$l = l(\{M\}) > 0$ とする．定理 9 より，A の行から $l + 1$ 個以下の適当な行を選べば，それらは正係数をもって線形従属となっている．この事実と I より，m 個の不等式から成る不等式系 $Ax > 0$ は，解をもたない高々 $l + 1$ 個の不等式から成る部分系をもつ．$l \leqq d$ なので，$Ax > 0$ が解をもつことと，$d + 1$ 個の不等式から成るすべての部分系が解をもつことが同値である．

不等式系 $Ax \geq 0$ を考える．この解の存在性は，M が M 全体を含まないような支持超平面をもつことを意味する．このようなことが起るための必要十分条件は $\{M\}$ が部分空間ではないことである (定理 12)．そして，$\{M\}$ が部分空間であるための必要十分条件は A のすべての行の間に正係数をもって線形関係が存在することである (定理 8)．このことより II が成立する．

定理8とその系よりさらに，もし$\{M\}$が部分空間ならば，M内に$2d$個以下の半直線が存在し，それらの凸包が$\{M\}$に一致することが導かれる．よって，$Ax \geq 0$が解をもつための必要十分条件は，$2d$個以下の不等式から成り階数がdであるすべての部分系が解をもつことである．

第2の解釈: L^mの閉正象限，すなわち，$\xi \geqq 0$を満たすベクトル全体の集合をDと表す．ξとAの列をL^mのベクトルとみなしたものを考える．そして，Aの列ベクトルにより張られる部分空間をSとする．Sの直交補空間S^*は$A'\xi = 0$の解ξから成る．次の定理で$C = S^*$，$C = S$と代入することで，主張IとIIがえられる．

定理 閉凸錐Cが原点以外Dの点を含まないための必要十分条件は，その極錐C^*がDの内点を含むことである．

これは次の定理17の$k = m$の場合である．

定理 17 Cを閉凸錐，Dを閉正象限，そしてE_k，$0 \leqq k \leqq m$，を最初のk個の成分が0であるすべてのベクトルから成る部分空間とする．このとき，$C \cap D \subset E_k$であるための必要十分条件は，ある正定数γが存在し，すべての$\varepsilon > 0$に対し，最初のk個の成分がγより大きく，最後の$m-k$個の成分が$-\varepsilon$より大きいベクトルを極錐C^*が含むことである．もしCが多角錐ならば，この条件は次のように簡単になる：$C^* \cap D$が最初のk個の成分が正であるベクトルを含む．

証明 十分性を証明するために，任意のベクトル$\xi \in C \cap D$を考える．極錐C^*は半空間$\xi'\eta \leqq 0$に含まれる．ここで，ηを変数と考えている．$\eta_1 > \gamma, \ldots, \eta_k > \gamma$で$\eta_{k+1} > -\varepsilon, \ldots, \eta_m > -\varepsilon$であるような$\eta \in C^*$に対し，

$$(\xi_1 + \cdots + \xi_k)\gamma - (\xi_{k+1} + \cdots + \xi_m)\varepsilon \leqq 0$$

が成立する．$\xi \geqq 0$なので，$\xi_1 = \cdots = \xi_k = 0$，すなわち，$\xi \in E_k$のときだけ，すべての$\varepsilon > 0$に対しこの不等式は成立する．

必要性は以下のようにして確認できる．$C \cap D \subset E_k$より，$(C \cap D)^* \supset E_k^*$が成立する．明らかに，$E_k^*$はベクトル$\xi = (\underbrace{1, \ldots, 1}_{k}, \underbrace{0, \ldots, 0}_{m-k})$を含む．

$(C \cap D)^* = \overline{C^* + D^*}$ なので (定理 4 の系)，$\eta^i + \zeta^i \to \xi$ であるようなベクトル $\eta^i \in C^*$, $\zeta^i \in D^*$, $i = 1, 2, \ldots$, が存在する．$\zeta^i \in D^*$ なので，$\zeta^i \leqq 0$ である．従って，与えられた $0 < \varepsilon < 1/2$ に対し，$\eta^i > \xi - \varepsilon$ が十分大きい i に対し成立する．これが $\gamma = 1/2$ としたときの定理の主張である．もし C が多角錐ならば，$C^* + D^*$ は閉集合である (定理 10)．従って，$\eta + \zeta = \xi$ であるような $\eta \in C^*$ と $\zeta \in D^*$ が存在する．そして，ベクトル $\eta = \xi - \zeta \geqq \xi$ はすべての $\varepsilon > 0$ に対し要請を満足する．□

再び $m \times n$ 行列 A を考える．固定された非負の整数 k と l について, $m = k + l$ とする．

$$A = \begin{pmatrix} B \\ \Gamma \end{pmatrix}, \quad \xi = \begin{pmatrix} \eta \\ \zeta \end{pmatrix}$$

とする．ここで，B, Γ, η, ζ はそれぞれ $k \times n$, $l \times n$, $k \times 1$, そして $l \times 1$ 行列とする．このとき，次の主張が成立する．

III. 次の 2 つの線形不等式系において，どちらか一方のみが解をもつ．

$$Bx > 0, \quad \Gamma x \geqq 0$$

$$B'\eta + \Gamma'\zeta = 0, \quad \eta \geq 0, \quad \zeta \geqq 0$$

IV. 次の 2 つの線形不等式系において，どちらか一方のみが解をもつ．

$$Bx \geq 0, \quad \Gamma x \geqq 0$$

$$B'\eta + \Gamma'\zeta = 0, \quad \eta > 0, \quad \zeta \geqq 0$$

V. 次の 2 つの線形不等式系において，どちらか一方のみが解をもつ．

$$Bx > 0, \quad \Gamma x \geqq 0, \quad x \geqq 0$$

$$B'\eta + \Gamma'\zeta \leqq 0, \quad \eta \geq 0, \quad \zeta \geqq 0$$

VI. 次の 2 つの線形不等式系において，どちらか一方のみが解をもつ．

$$Bx \geq 0, \quad \Gamma x \geqq 0, \quad x \geqq 0$$

$$B'\eta + \Gamma'\zeta \leqq 0, \quad \eta > 0, \quad \zeta \geqq 0$$

これらの主張を証明するためには，定理17を次の多角錐にそれぞれ適用すればよい：$B'\eta + \Gamma'\zeta = 0$ を満たすすべてのベクトル $\begin{pmatrix} \eta \\ \zeta \end{pmatrix}$ から成る部分空間 (III), x を制約なしとしたときの，すべてのベクトル $\begin{pmatrix} Bx \\ \Gamma x \end{pmatrix}$ から成る部分空間 (IV), $B'\eta + \Gamma'\zeta \leqq 0$ を満たすすべてのベクトル $\begin{pmatrix} \eta \\ \zeta \end{pmatrix}$ から成る錐 (V), そして，$x \geqq 0$ の制約下で，すべてのベクトル $\begin{pmatrix} Bx \\ \Gamma x \end{pmatrix}$ から成る錐 (VI).

無限個の不等式系の定理もえられる．a^α をある集合内を動く添字 α をもつ L^n 内のベクトルとする．M をすべての半直線 (a^α) から成る錐とする．(例えば，α を実変数とすることができる．このとき点 a^α は L^n 内の曲線を描くだろう．そして，M はこの曲線を原点から投影する錐となるだろう．) 一例として，主張Iの次の拡張を取り上げる．上述の第1の解釈で主張Iを導いたものと同様の手法が適用できる．

定理　不等式系 $x'a^\alpha > 0$ が解をもたないための必要十分条件は，正係数をもって線形従属な a^α 内の有限個のベクトルが存在することである．

すべての不等式 $x'a^\alpha \leqq 0$ を満たすすべての x に対し $x'b \leqq 0$ が成立するという性質をベクトル b がもっているとする．幾何学的には，これは b が M のすべての台に属すということである．よって $b \in \overline{\{M\}}$ をえる．もし特に $\{M\} = \overline{\{M\}}$ ならば，これは α が有限集合を動く場合 (定理10) あるいは M が閉で $\{M\}$ が線形要素次元0をもつ場合 (定理11) に成立するが，b は $\{M\}$ に属し，よって b はベクトル a^α のうちの高々 n 個のベクトルの正線形結合である (定理7)．一般の場合 b はこのような線形結合の極限である (Farkas の定理の一般化).

第2章

凸集合

2.1　点集合の凸結合

第1章では錐は常に n 次元ユークリッド線形空間 L^n 内に存在すると考えてきた．線形空間において，原点すなわち零ベクトルは当然のことながら特別なものであり，空間の座標基底を変更してもその座標表現は変化しない．しかしながら，凸集合は n 次元アフィン空間 A^n において考察する方が より自然である．もし特定の座標系が選択されれば，点は実数の n 個の組 $x = \begin{bmatrix} x_1 \\ \vdots \\ x_n \end{bmatrix}$，すなわちその座標により記述される．座標 x をもつ点を $\widehat{x}$ と表すことにする．もし t が固定された n 個の実数の組で，T が正則な $n \times n$ 行列とすると，

$$x \to \overline{x} = T(x - t)$$

は，座標 x_i による A^n の表現から座標 $\overline{x}_i$ による表現への変換である．A^n に対し，許容しうる座標変換はすべてこの形のものである．特定の座標に対し，式 $x = \sum_{\rho=1}^{r} \lambda_\rho x^\rho$ (λ_ρ は実数) は点 $\widehat{x}$ を表すが，これは点 $\widehat{x^\rho}$ の線形結合である．もし $\lambda_\rho \geqq 0$ ($\rho = 1, \ldots, r$) ならば，$\widehat{x}$ は $\widehat{x^\rho}$ の非負線形結合という．もし $\lambda_\rho > 0$ ($\rho = 1, \ldots, r$) ならば，$\widehat{x}$ は正線形結合である．これらの定義は座

標系の選択から独立ではない．なぜなら，もし $\overline{x} = T(x - t)$ ならば，

$$\begin{aligned}\sum_{\rho=1}^{r} \lambda_\rho \overline{x^\rho} &= \sum_{\rho=1}^{r} \lambda_\rho T(x^\rho - t) = T\left(\sum_{\rho=1}^{r} \lambda_\rho x^\rho\right) - \sum_{\rho=1}^{r} \lambda_\rho Tt \\ &= T\left(\sum_{\rho=1}^{r} \lambda_\rho x^\rho - t\right) + \left(1 - \sum_{\rho=1}^{r} \lambda_\rho\right) Tt \\ &= \overline{\sum_{\rho=1}^{r} \lambda_\rho x^\rho} + \left(1 - \sum_{\rho=1}^{r} \lambda_\rho\right) Tt\end{aligned}$$

であり，これは x の代わりに座標 $\overline{x}$ を使うと，係数が $\lambda_1, \ldots, \lambda_r$ である $\widehat{x^1}, \ldots, \widehat{x^r}$ の線形結合が $\widehat{x}$ とは異なる点である可能性が生じることを示している．この差異は $\sum_{\rho=1}^{r} \lambda_\rho$ と t に依存するが，点 $\widehat{x^\rho}$ には依存しないことに注意すべきである．特に $t = 0$ の場合，すなわち座標変換が原点の平行移動を伴なわない場合，$\sum_{\rho=1}^{r} \lambda_\rho \overline{x}^\rho = \overline{\sum_{\rho=1}^{r} \lambda_\rho x^\rho}$ である．$\sum_{\rho=1}^{r} \lambda_\rho = 1$ の場合も同様である．$\sum_{\rho=1}^{r} \lambda_\rho = 1$ を満たす線形結合が表す点は，座標変換から独立であるが，これらは次の例が示すように特に重要なものである．

座標 x^0 と x^1 をもつ点を通る直線は

$$x = \lambda_0 x^0 + \lambda_1 x^1 = (1 - \theta) x^0 + \theta x^1 \quad (\lambda_0 + \lambda_1 = 1,\ \theta = \lambda_1)$$

と表されるすべての点からなる集合である．この直線上の $0 \leqq \theta \leqq 1$ に対応する点は $\widehat{x^0}$ と $\widehat{x^1}$ を結ぶ線分を形成する．

点 $\widehat{x^0}, \ldots, \widehat{x^p}$ は

$$\mu_0 + \cdots + \mu_p = 0, \quad \mu_0^2 + \cdots + \mu_p^2 > 0$$

を満たすある実数 μ_π により

$$\mu_0 x^0 + \cdots + \mu_p x^p = 0$$

が成立しているとき，**線形従属**であると定義する．もし μ_0 が零ではない μ_π のうちのひとつとすると，次の式が成立する．

$$x^0 = \lambda_1 x^1 + \cdots + \lambda_p x^p$$

ここで，$\lambda_\pi = -\mu_\pi/\mu_0$ であり，$\sum_{\pi=1}^{p} \lambda_\pi = 1$ が成立する．従って，点 $\widehat{x^0}$ は他の点の線形結合として，座標系の取り方とは独立に表される．

同値なことであるが，点 $\widehat{x^0}, \ldots, \widehat{x^p}$ が線形従属であるための必要十分条件は，

$$\operatorname{rank}\begin{pmatrix} 1 & \cdots & 1 \\ x_1^0 & \cdots & x_1^p \\ \vdots & & \vdots \\ x_n^0 & & x_n^p \end{pmatrix} \leqq p$$

が成立することである．2 点が線形従属であることは，それらが同一の点であることを意味する．3 点が線形従属であるのは，それらが同一直線上にあることである．同様に，4 点が同一平面上にあることが，それらが線形従属であることと同値である．

p*-線形多様体**を，$\lambda_0 + \cdots + \lambda_p = 1$ である実数に対し，$x = \lambda_0 x^0 + \cdots + \lambda_p x^p$ を座標とするすべての点の集合として定義する．ただし，$\widehat{x^0}, \ldots, \widehat{x^p}$ は線形独立な点とする．p-線形多様体は p 次元アフィン空間であることに注意する．同様に，p*-単体**を $\lambda_0 + \cdots + \lambda_p = 1$，$\lambda_\pi \geqq 0$ $(\pi = 0, \ldots, p)$ である実数に対し，$x = \lambda_0 x^0 + \cdots + \lambda_p x^p$ を座標とするすべての点の集合として定義する．ただし，$\widehat{x^0}, \ldots, \widehat{x^p}$ は線形独立な点とする．

以下に現れる証明はすべてアフィン空間における証明であるが，時として概念的な明瞭性から射影空間の解釈を導入することがある．A^n の点 $\begin{bmatrix} x_1 \\ \vdots \\ x_n \end{bmatrix}$ と射影空間 P^n の点 $\begin{bmatrix} \lambda \\ \lambda x_1 \\ \vdots \\ \lambda x_n \end{bmatrix}$ を同一視する．この同一視により，A^n は P^n の有限部分と考えることができる．(無限遠超平面は第 1 座標が 0 である射影空間の点からなっている．) このように考えると，A^n の点 $\widehat{x^0}, \ldots, \widehat{x^p}$ が線形従

属であるための必要十分条件は座標 $\begin{bmatrix} 1 \\ x_1^0 \\ \vdots \\ x_n^0 \end{bmatrix}, \ldots, \begin{bmatrix} 1 \\ x_1^p \\ \vdots \\ x_n^p \end{bmatrix}$ をもつ射影空間の点が線形従属であること，すなわち

$$\operatorname{rank}\begin{pmatrix} 1 & \cdots & 1 \\ x_1^0 & \cdots & x_1^p \\ \vdots & & \vdots \\ x_n^0 & & x_n^p \end{pmatrix} \leqq p$$

が成立することである.

もし M と N が A^n の部分集合ならば，$M+N$ は M 内の点 $\widehat{x}$ と N 内の点 $\widehat{y}$ に対する点 $\widehat{x+y}$ をすべて集めた集合と定義する．$\widehat{x+y}$ は $\widehat{\overline{x}+\overline{y}}$ と異なる可能性があるので，$M+N$ は座標系の取り方で変化する可能性がある．しかし，$\overline{x+y}$ と $\overline{x}+\overline{y}$ の違いは常に $(1-(1+1))Tt$ だけである．従って，$M+N$ は平行移動による違いを除けば一意に決定される.

M の点 $\widehat{x}$ に対し，λx を座標とする点をすべて集めた集合を λM と表す.

固定された座標系に関し，次の計算規則が成立する.

1) $(M+N)+O = M+(N+O)$

2) $M+N = N+M$

3) $\lambda(\mu M) = (\lambda\mu)M$

4) $\lambda(M+N) = \lambda M + \lambda N$

5) $(\lambda+\mu)M \subset \lambda M + \mu M$

$(\lambda+\mu)M = \lambda M + \mu M$ は，一般には成立しない．なぜなら，もし $\mu = -\lambda \neq 0$ ならば，$(\lambda+\mu)M$ は原点のみからなる集合であるが，一方，もし M が少なくとも2点を含むならば，$\lambda M + \mu M$ はもっと多くの点を含む．しかしながら，もし M が線形多様体で $\lambda+\mu \neq 0$ であるか，または，$\lambda \geqq 0$，$\mu \geqq 0$ で M が凸集合 (以下を参照) ならば，$(\lambda+\mu)M = \lambda M + \mu M$ が成立する.

前述の点の線形結合の計算より，和 $\sum_{\rho=1}^{r}\lambda_\rho M^\rho$ は，もし $\sum_{\rho=1}^{r}\lambda_\rho=1$ ならば，座標系の取り方に依らない．そうでない場合は，平行移動を除いて一意的に決まる．

A^n の点とその座標の n 個の実数の組の違いは，以下の議論に現れる性質には重要ではない．従って，以降では点 $\widehat{x}$ とその座標である n 個の実数の組 x とを同一視することにする．

2.2　凸集合と集合の凸包

集合 M は，もし M 内の任意の 2 点を結ぶ線分を含むならば，凸であるという．このことを座標で表すと，x と y が M に属すならば，$(1-\theta)x+\theta y(0\leqq\theta\leqq 1)$ が M の点を表すことを意味する．

$Q(x,x)=\sum_{i,j=1}^{n}a_{ij}x_ix_j$ を非負定値 2 次形式としたとき，$Q(x,x)\leqq 1$ であるすべての点 x からなる**楕円体**が凸集合の例である．

$Q(x,y)=\sum_{i,j=1}^{n}a_{ij}x_iy_j$ とすると，

$$Q(\lambda x+\mu y,\lambda x+\mu y)=\lambda^2Q(x,x)+2\lambda\mu Q(x,y)+\mu^2Q(y,y)\geqq 0 \qquad (2.1)$$

がすべての λ と μ に対し成立する．$\lambda=-\mu=1$ とすると，

$$2Q(x,y)\leqq Q(x,x)+Q(y,y)$$

となる．(2.1) において $\lambda=1-\theta$, $\mu=\theta$, $0\leqq\theta\leqq 1$ とおき，この不等式を用いると，

$$Q((1-\theta)x+\theta y,(1-\theta)x+\theta y)\leqq(1-\theta)Q(x,x)+\theta Q(y,y)$$

をえる．これは，$Q(x,x)\leqq 1$, $Q(y,y)\leqq 1$ ならば，$Q((1-\theta)x+\theta y,(1-\theta)x+\theta y)\leqq 1$ が成立することを示している．よって楕円体は凸である．

以下に凸集合の性質を列挙する．

命題 1　もし集合 M_α が凸ならば，$\bigcap_\alpha M_\alpha$ も凸である．

証明　これは凸性の定義から明らかである．□

命題 2 M_ρ $(\rho=1,\ldots,r)$ が凸ならば，$\sum_{\rho=1}^{r}\lambda_\rho M_\rho$ は凸である．

証明 もし x と y が $\sum_{\rho=1}^{r}\lambda_\rho M_\rho$ に属すなら，M 内のある x^ρ と y^ρ により，$x=\sum_{\rho=1}^{r}\lambda_\rho x^\rho$，$y=\sum_{\rho=1}^{r}\lambda_\rho y^\rho$ と表される．このとき，

$$(1-\theta)x+\theta y=\sum_{\rho=1}^{r}\lambda_\rho((1-\theta)x^\rho+\theta y^\rho)$$

である．従って，集合 M_ρ が凸ならば，$\sum_{\rho=1}^{r}\lambda_\rho M_\rho$ は凸である．□

命題 3 M が凸で，$N_1,\ldots,N_r$ が $N_\rho\subset M$ を満たす集合とする．このとき，もし，$\sum_{\rho=1}^{r}\lambda_\rho=1$，$\lambda_\rho\geqq 0$ $(\rho=1,\ldots,r)$ ならば，

$$\sum_{\rho=1}^{r}\lambda_\rho N_\rho\subset M$$

が成立する．

証明 $r=2$ の場合，M が凸なので，すべての $x^1\in N_1\subset M$ と $x^2\in N_2\subset M$ に対し，$\lambda_1x^1+\lambda_2x^2\in M$ $(\lambda_1,\lambda_2\geqq 0,\ \lambda_1+\lambda_2=1)$ である．よって，$\lambda_1N_1+\lambda_2N_2\subset M$ が成立する．この性質が $r=s-1\geqq 2$ に対し証明されたと仮定する．すると，$\sum_{\rho=1}^{s}\lambda_\rho=1$ かつ $\lambda_s\neq 1$ ならば，

$$\lambda_1N_1+\lambda_2N_2+\cdots+\lambda_sN_s=(1-\lambda_s)\frac{\lambda_1N_1+\cdots+\lambda_{s-1}N_{s-1}}{\lambda_1+\cdots+\lambda_{s-1}}+\lambda_sN_s$$

が成立する．ここで，$\lambda_s\neq 1$ と一般性を失うことなく仮定することができる．帰納法の仮定より，もし $N_\rho\subset M$ ならば，

$$\frac{\lambda_1}{\lambda_1+\cdots+\lambda_{s-1}}N_1+\cdots+\frac{\lambda_{s-1}}{\lambda_1+\cdots+\lambda_{s-1}}N_{s-1}\subset M$$

が成立する．$r=2$ の場合より，もし $N_\rho\subset M$，$\sum_{\rho=1}^{s}\lambda_\rho=1$ ならば，$\lambda_1N_1+\cdots+\lambda_sN_s\subset M$ が成立する．□

集合 M の凸包 $\{M\}$ を M を含むすべての凸集合の共通集合と定義する．命題 1 よりこれは M を含む最小の凸集合である．

命題 4 M を任意の集合とし，$N_1,\ldots,N_r$ は $N_\rho\subset M$ を満たすとすると，$\lambda_\rho\geqq 0$ $(\rho=1,\ldots,r)$，$\sum_{\rho=1}^{r}\lambda_\rho=1$ を満たす λ_ρ に対し，$\sum_{\rho=1}^{r}\lambda_\rho N_\rho\subset\{M\}$ が成立する．

証明　これは命題3と $\{M\}$ の定義の直接的な結果である．□

$x=\sum_{\rho=1}^{r}\lambda_\rho x^\rho$ $(\lambda_\rho\geqq 0,\ \sum_{\rho=1}^{r}\lambda_\rho=1)$ と表される点 x を点 x^ρ の重心という．

命題 5　集合 M の凸包 $\{M\}$ は M のすべての有限集合のすべての重心から成る．

証明　このような重心がすべて $\{M\}$ に属すことは命題4から従う．逆を示すためには，重心の集合が凸であることを示せば十分である．M に属するある x^ρ と y^σ により $x=\sum_{\rho=1}^{r}\lambda_\rho x^\rho$ と $y=\sum_{\sigma=1}^{s}\mu_\sigma y^\sigma$ と表される2点 x と y を考える．このとき，$(1-\theta)x+\theta y=\sum_{\rho=1}^{r}(1-\theta)\lambda_\rho x^\rho+\sum_{\sigma=1}^{s}\theta\mu_\sigma y^\sigma$ が成立するので，$(1-\theta)x+\theta y$ は $x^1,\dots,x^r,y^1,\dots,y^s$ の重心である．□

命題 6　もし $z\in\{M\}$ ならば，z は M の線形独立な点の重心である．(M の線形独立な点の集合は高々 $n+1$ 個の点しか含まない．)

証明

$$z=\lambda_0 x^0+\cdots+\lambda_r x^r\quad\left(\sum_{\rho=0}^{r}\lambda_\rho=1,\ \lambda_\rho\geqq 0\right)$$

としよう．ここで $x^0,\dots,x^r$ は線形従属であるとする．すなわち，$\sum_{\rho=0}^{r}\mu_\rho x^\rho=0$，$\sum_{\rho=0}^{r}\mu_\rho=0$，$\sum_{\rho=0}^{r}\mu_\rho^2\neq 0$ を満たす μ_ρ が存在するとする．

$\lambda_\tau/\mu_\tau=\min_{\mu_\rho>0}\lambda_\rho/\mu_\rho$ とおく．このとき，$z=\sum_{\rho\neq\tau}(\lambda_\rho-(\lambda_\tau/\mu_\tau)\mu_\rho)x^\rho$ と $\lambda_\rho-(\lambda_\tau/\mu_\tau)\mu_\rho\geqq 0$ が成立する．この過程を繰り返すことにより，命題6が任意の z に対し成立することが証明される．□

命題 7　もし M と N が凸集合ならば，

$$\{M\cup N\}=\bigcup_{0\leqq\theta\leqq 1}((1-\theta)M+\theta N)$$

が成立する．

証明　このことは $\{M\cup N\}$ のすべての点が M の1点と N の1点の重心であることより証明される．□

命題 8 もし M_0 が任意の集合で，$M_{i+1} = \bigcup_{0 \leqq \theta \leqq 1}((1-\theta)M_i + \theta M_i) \quad (i = 0, 1, 2, \ldots)$ とおくと，$\{M_0\} = M_k$ が成立する．ここで，k は 2^k が $n+1$ 以上であるような最小の整数である．

証明 これは命題 6 の系である．□

2.3 距離と位相

もし 1 つの座標系を選択すれば，

$$d(x, y) = \sqrt{(x_1 - y_1)^2 + \cdots + (x_n - y_n)^2}$$

は $A^n(x_1, \ldots, x_n)$ 上の 1 つのユークリッド距離を定義する．この距離は座標の直交変換の下でのみ不変であるので，A^n の不変量ではない．一般的には，新しい座標 x_i' と y_i' と，1 つの正定値 2 次形式 Q に対し，

$$d(x, y) = \sqrt{Q(x' - y', x' - y')}$$

と定義される．これは A^n の不変量ではないが，それは同一の一様位相を定義する．以後，A^n はこの位相を持つものと仮定する．A^n はある特定のユークリッド距離により距離化されていると考えると便利である．このことにより一般性を失うことはなく，定理の明解な幾何的解釈が可能になる．

命題 9 もし M_1 が A^n の非空開集合であり，λ_1 が 0 ではない実数ならば，任意の集合 $M_\rho(\rho = 2, \ldots, r)$ と任意の実数 $\lambda_\rho(\rho = 2, \ldots, r)$ に対し，$\lambda_1 M_1 + \cdots + \lambda_r M_r$ は開集合である．

証明 もし M_1 が開集合で $\lambda_1 \neq 0$ ならば，$\lambda_1 M_1$ も開集合である．$\lambda_1 M_1 + N = \bigcup_{x \in N}(\lambda_1 M_1 + x)$ が成立する．M が開集合であるとき $\lambda_1 M_1 + x$ も開集合なので，$\lambda_1 M_1 + N$ は開集合である．$N = \lambda_2 M_2 + \cdots + \lambda_r M_r$ とすればよい．
□

命題 10 もし $M_1, \ldots, M_r$ が閉集合で，$M_2, \ldots, M_r$ が有界であるならば，$\lambda_1 M_1 + \cdots + \lambda_r M_r$ は閉集合である．

証明　z を $\lambda_1 M_1 + \cdots + \lambda_r M_r$ の極限点であるとする．このとき，点列 $x^\nu = \lambda_1 x^{1\nu} + \cdots + \lambda_r x^{r\nu}$ $(x^{\rho\nu} \in M_\rho)$ で，$\nu \to \infty$ のとき x^ν が z に収束するものが存在する．$M_2, \ldots, M_r$ が有界閉集合なので，$\rho = 2, \ldots, r$ に対し，点列 $x^{\rho\nu}$ が M_ρ 内のある点 x^ρ に収束すると仮定してもかまわない．$x^\nu - (\lambda_2 x^{2\nu} + \cdots + \lambda_r x^{r\nu})$ も収束しなくてはならず，$\lambda_1 x^{1\nu}$ は $\lambda_1 M_1$ のある点 $\lambda_1 x^1$ に収束する．従って，$z = \lambda_1 x^1 + \cdots + \lambda_r x^r$ が成立する．□

もし M が任意の集合であり，U が座標原点を中心とする単位球であるとすると，$M + \varepsilon U$ は M の ε-近傍である．もし M が凸であるならば，この近傍も凸である．もし M が閉であり，$\overline{U}$ が閉単位球であるならば，$M + \varepsilon\overline{U}$ は M の閉 ε-近傍である．

命題 11　もし C が凸集合ならば，$\overline{C}$ も凸である．

証明　もし $x^\nu \to x$ で $y^\nu \to y$ ならば，x と y を結ぶ線分上の点は x^ν と y^ν を結ぶ線分上の点の極限点であるので，この主張は正しい．□

$S(M)$ で集合 M を含むすべての線形多様体の共通集合を表すことにする．これは M に含まれる線形独立な点の任意の極大集合を基底とする線形多様体であることに他ならない．$S(M)$ の次元 $d(M)$ のことを M の**線形次元**という．

点が $S(M)$ の相対位相に関して M の内点であるとき，それは M の**相対的内点**と呼ばれる．（M が一点であるとき，すなわち $d(M) = 0$ であるとき，その点は M の相対的内点であることに留意すべきである．）M の境界点は，$S(M)$ の相対位相に関して境界点であるとき，**相対的境界点**という．$S(M)$ の点が $S(M)$ に相対位相に関して M の外点であることと，A^n に関して M の外点であることは同値なので，相対的外点と外点の概念を区別する必要はない．

命題 12　もし C が $d(C) > 0$ である凸集合ならば，C のすべての点は C の極限点である．

証明　もし $d(C) > 0$ で x が C の任意の点であるならば，C 内の別の点 y が存在する．x は x と y を結ぶ線分上の点の極限点である．この線分は C に含まれるので，x は C の極限点である．□

命題 13 凸集合 C は相対的内点をもつ.

証明 $d = d(C)$ とし，$x^0, \ldots, x^d$ を $S(C)$ を張る C 内の線形独立な点とする. $x^0, \ldots, x^d$ で張られる d-単体は $S(C)$ の相対位相に関する内点をもつ. C はこの単体を含むので，C も $S(C)$ の相対位相に関する内点をもつ. □

命題 14 もし x が凸集合 C の相対的内点であり，z が $\overline{C}$ に属するならば，x と z を結ぶ線分の z を除くすべての点は C の相対的内点である. もし z が C の相対的境界点であるならば，x と z を結ぶ直線上の点で z からみて x と反対側にある点は C の外点である.

証明 $0 \leqq \theta < 1$ として，$y = (1-\theta)x + \theta z$ とおく. $U_x(\varepsilon)$ を中心 x，半径 ε の開球とする. もし x が C の相対的内点であるならば，$U_x(\varepsilon) \cap S(C) \subset C$ が成立する $\varepsilon > 0$ が存在する. z^ν を z に収束する C 内の点列とする. 集合 $(1-\theta)U_x(\varepsilon) + \theta z^\nu$ は中心が $(1-\theta)x + \theta z^\nu$ で半径が $(1-\theta)\varepsilon$ である開球である. C の凸性より $((1-\theta)U_x(\varepsilon) + \theta z^\nu) \cap S(C)$ は C に含まれる. $z^\nu \to z$ なので，$(1-\theta)x + \theta z^\nu \to y$ である. 従って，十分大きい ν に対し，y は $(1-\theta)U_x(\varepsilon) + \theta z^\nu$ の内点である. よって，y は C の相対的内点である. このことから，命題 14 の第一の主張が証明された.

z を C の相対的境界点とし，$y = (1-\theta)x + \theta z$ $(\theta > 1)$ とする. $z = (1/\theta)y + (1-1/\theta)x$ と変形できるが，もし y が C の外点でないとすると，命題 14 の第一の主張より，z は C の相対的内点となってしまう. この矛盾より第二の主張が証明される. □

命題 15 もし C が凸ならば，C の相対的内部は凸である.

証明 これは命題 14 の系である. □

命題 16 もし C が凸で $S(C)$ 内で稠密ならば，$C = S(C)$ が成立する.

証明 $S(C)$ 内に外点をもたない凸集合 C には相対的境界点が存在しない. よって C は $S(C)$ に一致する. □

2.4　射影錐，漸近錐，s-凸性

半直線 $\overrightarrow{px}(x \neq p)$ とは，$\theta \geqq 0$ であるすべての θ に対するすべての点 $(1-\theta)p+\theta x$ からなる集合である．p を始点とする集合 M の**射影錐** $P_p(M)$ は，$\bigcup_{x \in M} \overrightarrow{px}$ と定義される．($M=p$ のときは，$P_p(M)=p$ と定義する.) M が閉だからといって，$P_p(M)$ が閉とは限らないことに注意すべきである．例えば，もし M が $(n-1)$-線形多様体で p が M に属さない点ならば，$P_p(M)$ は p を通る開半空間に点 p を付け加えたものである．

命題 17 もし C が凸ならば，（任意の p に対し）$P_p(C)$ も凸である．

証明 これは $P_p(C)$ の定義より明らかである．□

定義 集合 C は，C に属さないすべての点 p に対し，$s\left(\overline{P_p(C)}\right) \cap C$ が空であるとき，**s-凸**であるという．

命題 18 s-凸集合 C は，もし $x \in C$ で，$y \in \overline{C}$ ならば，$0<\theta<1$ であるすべての θ に対し $p=(1-\theta)x+\theta y$ が C に属すという性質をもつ．

証明 $s\left(\overline{P_p(C)}\right)$ が直線 xy を含むので，$s\left(\overline{P_p(C)}\right) \cap C$ は非空である．これより，p は C に属する．□

命題 18 は s-凸集合は凸であることを示している．明らかに閉凸集合と，相対的開凸集合は s-凸である．一方，開三角形に 1 点だけ境界点を付加したものは凸であるが，s-凸ではない．

定義 M を任意の集合，p を任意の点とする．$x^\nu \in M$ で $x^\nu \to \infty$ である点列に対する半直線の列 $\overrightarrow{px^\nu}$ の極限である半直線 $\overrightarrow{px}$ をすべて集めた集合 $A_p(M)$ を頂点 p の M の**漸近錐**と呼ぶ．

命題 19 任意の M と p について，$A_p(M)$ は閉である．

証明 通常の対角線論法により，$A_p(M)$ の極限半直線は，$\overrightarrow{px}$, $x \in M$, $x \to \infty$ の形の半直線の極限半直線である．□

命題 20 任意の集合 M と任意の点 p と q に対し,

$$A_q(M) = A_p(M) + (q - p)$$

が成立する.

証明 $x^\nu \to \infty$ のとき, $\overrightarrow{px^\nu}$ が $\overrightarrow{px}$ に収束することと, $\overrightarrow{qx^\nu}$ が $\overrightarrow{px} + (q-p)$ に収束することが同値であることを見ればよい. □

命題 21 もし M が任意の集合で, p が任意の点ならば,

$$A_p(M) = \bigcap_{q \in A^n} \left(\overline{P_q(M)} + (p - q) \right)$$

が成立する.

証明 定義より $A_q(M) \subset \overline{P_q(M)}$ なので, 命題 20 よりすべての点 q に対し, $A_p(M) \subset \overline{P_q(M)} + (p-q)$ が成立する. $\overrightarrow{px} \notin A_p(M)$ と仮定すると, p を始点とする半直線の近傍 $N_\varepsilon(\overrightarrow{px})$ で, (点集合として)M との共通部分が有界であるものが存在する. 従って, $N_\varepsilon(\overrightarrow{px})$ に属する点 q で, $(N_\varepsilon(\overrightarrow{px}) + (q-p)) \cap M$ が空であるようなもの選ぶことができる. この q に対し, $x \notin \overline{P_q(M)} + (p-q)$ が成立するので, 命題 21 が証明される. □

命題 22 凸集合 C と任意の点 p に対し, $A_p(C)$ は凸である.

証明 命題 17 と命題 21 より明らかである. □

命題 23 もし C が s-凸集合で, p が C の任意の点とすると, $A_p(C)$ は C に含まれる p を始点とする半直線すべての集合である.

証明 A'_p を C に含まれる p を始点とする半直線すべてからなる錐とする. 明らかに $A'_p \subset A_p(C)$ が成立する. $\overrightarrow{px}$ を $A_p(C)$ の半直線とする. このとき, 点列 $x^\nu \in C$ で, $x^\nu \to \infty$ かつ $\overrightarrow{px^\nu} \to \overrightarrow{px}$ が成立するものが存在する. 線分 px^ν が C に含まれるので, $\overrightarrow{px} \subset \overline{C}$ が成立する. $p \in C$ なので, 命題 18 より $\overrightarrow{px} \subset C$ が成立する. よって, $A'_p = A_p(C)$ をえる. □

系 もし C が任意の凸集合で p が C の相対的内点ならば, $A_p(C)$ は C に含まれる p を始点とする半直線すべてからなる集合である.

証明　C の相対的内部に命題 23 を適用すればよい．□

錐 $A_p(C)$ (C は凸) を始点を p とするベクトルからなる線形空間の錐とみなすと，$A_p(C)$ は次元が $l(A_p(C))$($A_p(C)$ の線形要素次元) である最大の部分空間 $s(A_p(C))$ をもつ．この部分空間は A^n においては $A_p(C)$ 内の p を含む最大の線形多様体と考えられる．

命題 24　もし C が s-凸集合ならば，C は $s(A_p(C))$ に平行な l-線形多様体の合併集合である．すなわち，

$$C = s(A_p(C)) + (C \cap s(A_p(C))^*)$$

が成立する．

証明　命題 23 により，C の任意の点 q に対し，$A_q(C)$ は C に含まれるすべての半直線 $\overrightarrow{qx}$ からなるという単純な構造をもっている．従って，C は $s(A_q(C)) = s(A_p(C)) + (q-p)$ を含む．よって，C はちょうど

$$\bigcup_{q \in C} (s(A_p(C)) + (q-p))$$

に等しい．□

もし C が 3 次元空間内の s-凸集合で $l(A_p(C)) = 1$ ならば，命題 24 より C は円柱である．

2.5　壁と法線錐

任意の向きに付けられた $(n-1)$-**線形多様体** F は $x'u = u_0$ を満たすすべての点 x の集合として記述することが可能である．ここで，u はその線形多様体の正の法線方向のベクトルである．もし $\sup_{x \in M} x'u < u_0$ ならば，F は集合 M の**限界**と呼ばれたり，集合 M は u 方向に限られている，M は F の**負半空間**にあるなどと言う．もし $\sup_{x \in M} x'u = u_0$ ならば，F は M の**支持線形多様体**であると言い，F の負半空間 ($x'u \leqq u_0$ を満たす点の全体) を M の**台**と言う．もし u と u_0 が M の支持線形多様体を定義するならば，u と

$u_0+\varepsilon(\varepsilon>0)$ は M の u 方向の限界を定義することに留意すべきである．M の限界あるいは支持線形多様体である線形多様体は M の壁と言う．

命題 25 もし M が任意の集合で p が固定された点であるならば，M の p を通る壁の p を始点とする正の法線ベクトルは，閉凸錐 $N_p(M)$(p における M の法線錐) を形作る．この錐は p を原点とするベクトルの線形空間内に存在する．もし射影錐 $P_p(M)$ が同じ空間内に存在すると解釈するなら，$N_p(M)=P_p(M)^*$ が成立する．

この等式は p を含む M の壁すべてがまさに $P_p(M)$ の支持超平面であることを主張している．命題 25 は M が凸で p が M の相対的境界点であるとき特に興味深い．$p+x$ が M の相対的内部に属すならば半直線 $\overrightarrow{p(p-x)}$ は M と交わらないので (命題 14)，$P_p(M)$ は全空間ではない．この錐は支持超平面をもつので，M は p を通る支持線形多様体をもつ．

命題 26 任意の集合 M に対し，M の壁の座標原点を始点とする正の法線ベクトルは凸錐 $B_O(M)\subset A_O(M)^*$ を形作る．もし M が凸ならば，$\overline{B_O(M)}=A_O(M)^*$ が成立する．

証明 もし M のすべての点 x に対し $x'u\leqq u_0$ かつ $x'v\leqq v_0$ ならば，$x'(\lambda u+\mu v)\leqq\lambda u_0+\mu v_0$ $(\lambda\geqq 0,\mu\geqq 0)$ が成立する．これは $B_O(M)$ が凸錐であることを示している．もし $x'u=u_0$ により定義される線形多様体が M の壁であるならば，$x'u=\max(u_0,p'u)$ を満たす x からなる線形多様体は $M\cup A_p(M)$ の壁である．よって，p を原点とする線形空間内の $y'u=0$ により定義されるベクトル y からなる超平面は錐 $A_p(M)$ の支持超平面である．従って，もし $u\in B_O(M)$ ならば，$u\in(A_O(M))^*$ が成立する．

次に M が凸であると仮定する．$s=s(A_O(M))$ そして $l=l(A_O(M))$ とおく．$\overline{B_O(M)}=(A_O(M))^*$ を証明するためには，$B_O(M)$ に含まれない $(A_O(M))^*$ の半直線が $(A_O(M))^*$ の相対的内半直線でないことを示せば十分である．命題 24 により，M の相対的内部は s に平行な l-線形多様体の合併である．もし $x'u=u_0$ により定義される $(n-1)$-線形多様体が M の壁でないとすると，M の構造より $y'u>u_0$ である $M\cap s^*$ 内の点 y が存在する．(s^* は s の直交補空間である．) $B_O(M)$ に属さない u に対し，このような y

は任意の u_0 に対し選べる．これらの y から無限大に向かう列で，半直線 $\overrightarrow{Oy}$ (すなわち (y)) が $A_O(M)$ 内の半直線 $\overrightarrow{Oz}$ (すなわち (z)) に収束するものを選べる．各 y に対し (y) は s^* に属すので，(z) も s^* に属す．第 1 章で，極錐 C^* の相対的内半直線に対応する凸錐 C の支持超平面は C と $s(C)$ 内のみで交わることを示した．従って，(u) は $A_O(M)$ の相対的内半直線ではなく，$\overline{B_O(M)} = (A_O(M))^*$ が成立する．□

凸集合 C に対し，この等式を $B_O(C) = (A_O(C))^*$ まで強めることができないことは次の例によって示される．x_1, x_2 平面上で，C を $x_2 \geqq e^{x_1}$ をみたすすべての点からなる集合とする．このとき，$B_O(C)$ は $x_1 \geqq 0$, $x_2 < 0$ により与えられる半開象限である．$A_O(C)$ は $x_1 \leqq 0$, $x_2 \geqq 0$ により与えられる閉象限である．従って，$(A_O(M))^*$ は $B_O(M)$ には等しくなく，その閉包に等しい．

以下のことに注意すべきである．もし A^n において異なる原点 O' が用いられたなら，集合 $B_{O'}(M)$ は $B_O(M)$ を平行移動したものである．より正確に言うと，

$$B_{O'}(M) = B_O(M) + (O' - O)$$

が成立する．

命題 26 は $B_O(M)$ が $A_O(M)$ を決定することを示しているが，上の例は $A_O(M)$ が $B_O(M)$ を一意的に決定しないことを示している．

2.6　分離定理

命題 27　もし C と D が交わりをもたない閉凸集合であり，C が有界ならば，C の台 H で $D \cap H$ が空集合であるものが存在する．D の台 H' で $C \cap H'$ が空集合であるものが存在する．

証明　D が閉なので，x をある固定された点とすると，D に属する点から x への距離の最小値を達成する D の点 $p(x)$ が存在する．C がコンパクトなので，q から $p(q) = p$ への距離が C の任意の点 x から D の任意の点 y への距

離以下であるような C の点 q が存在する．H を

$$x'(p-q) \leqq q'(p-q)$$

を満たす点 x からなる半空間とする．この半空間の境界となっている向き付けられた線形多様体は q を通り，$p-q$ を法線ベクトルとしてもつ．もし x が q と異なる C のある点であるとすると，x から q への線分は C に含まれる．この線分から p への最短距離は $\|x-p\|$ か，p からの三角形 (p,q,x) の高さか，$\|q-p\|$ かのどれかである．仮定より，これらの 3 つの可能性のうち最後のものが成立する．しかし，これが生起するためには，ベクトル $x-q$ が $p-q$ と鈍角か直角をなさなければならない．よって，C は H に含まれる．もし H' が

$$x'(q-p) \leqq p'(q-p) \quad \text{すなわち} \quad x'(p-q) \geqq p'(p-q)$$

で定義される半空間ならば，同様の議論で D が H' に含まれることが示される．$H \cap H' = \emptyset$ なので，$H \cap D = H' \cap C = \emptyset$ が成立し，H と H' は求める台である．□

命題 28 もし C と D が凸集合で，それらの相対的内部が共通部分をもたないならば，$S(C \cup D)$ 内に $(d(C \cup D)-1)$-超平面で C と D を分離するものが存在する．(すなわち，ベクトル u と数 u_0 が存在し，C 内のすべての x に対し $x'u \leqq u_0$ が成立し，D 内のすべての x に対し $x'u \geqq u_0$ が成立している．)

証明 C と D の閉包に対するこの定理は C と D に対するこの定理を含意するので，C と D は閉であると仮定してもよい．x は $C \cap D$ に属し C の相対的内点であり，y は $C \cap D$ に属し D の相対的内点とする．命題 14 により，$(1-\theta)x + \theta y$ $(0 < \theta < 1)$ は C と D 両方の相対的内点である．定理の仮定によりこれはありえない．よって，$C \cap D$ はどちらかの集合の相対的内点を含まないと仮定することができる．(それを C として証明を進める．) もし特に C が 1 点 p よりなるならば，p は C の相対的内点なので $C \cap D$ は空集合である．C が D と交わりをもたない 1 点集合である場合は，直前の定理の範疇である．$d(C) > 0$ と仮定し，

$$C_\nu = \left(\left(1-\frac{1}{\nu}\right)C + \frac{1}{\nu}p\right) \cap \overline{U_p(\nu)} \quad (\nu = 1, 2, \ldots,)$$

と定義する．ここで，p は固定された点で $\overline{U_p(\nu)}$ は p を中心とする半径 ν の閉球である．C_ν は C の p に近い部分の p を中心とする単なる線形引き込みである．p を C の相対的内点として選ぶ．このとき，C_ν は命題 14 により C の相対的内部に含まれる．よって $C_\nu \cap D$ は空集合である．命題 27 より以下のことが分る．$x'u^\nu = u_0^\nu$ で定義される超平面が存在し，$x \in C_\nu$ に対しては $x'u^\nu \leqq u_0^\nu$ であり，$x \in D$ に対しては $x'u^\nu \geqq u_0^\nu$ である．特に $p'u^\nu \leqq u_0^\nu \leqq q'u^\nu$ である．(ここで q は D の任意の点)

u^ν はすべて長さ 1 に正規化されているものと仮定する．そのとき ν の部分列を選び，対応する u^ν がベクトル u に収束し，対応する u_0^ν は数 u_0 に収束すると仮定できる．この u と u_0 に対し，D 内のすべての x に対し $x'u \geqq u_0$ であり，C の相対的内部のすべての点 x に対し $x'u \leqq u_0$ である．これより明らかに C 内のすべての x に対し，$x'u \leqq u_0$ が成立する．□

もし D が C の相対的境界点一点のみからなる集合とするならば，命題 28 はその点を通る C の支持超平面が存在することを主張している．

命題 29 任意の集合 M に対し，$\overline{\{M\}} = I_s = I_{bd} = I_{br}$ が成立する．ここで I_s は M のすべての台の共通部分であり，I_{bd} は M の限界の M と同じ側の半空間すべての共通部分であり，I_{br} は M の壁の M と同じ側の半空間すべての共通部分である．

証明 明らかに $\overline{\{M\}} \subset I_{br} \subset I_s \subset I_{bd}$ が成立する．もし p が $\overline{\{M\}}$ に属さないならば，命題 27 により ($x'u \leqq u_0$ で定義される)M の台で p を含まないものが存在する．十分小さい ε に対し，$x'u = u_0 + \varepsilon$ で定義される超平面は M と p を分離する M の限界である．よって，$p \notin I_{bd}$ をえて，$\overline{\{M\}} = I_{br} = I_s = I_{bd}$ が成立する．□

命題 30 任意の集合 M に対し $\overline{\{M\}} \supset \{\overline{M}\}$ が成立し，もし M が有界ならば，$\overline{\{M\}} = \{\overline{M}\}$ が成立する．

証明 $\overline{\{M\}} \supset \{\overline{M}\}$ は明らかである．もし x が $\overline{\{M\}}$ に属するならば，命題 6 により，固定された $r \leqq d(M)$ に対し，$x = \lim_{\nu\to\infty} \sum_{\rho=0}^{r} \lambda_{\rho\nu} x^{\rho\nu}$ ($\lambda_{\rho\nu} \geqq 0$, $\sum_{\rho=0}^{r} \lambda_{\rho\nu} = 1$, $x^{\rho\nu} \in M$) が成立する．M が有界なので部分列を選ぶこ

とにより，$x^{\rho\nu} \to x^{\nu}, \lambda_{\rho\nu} \to \lambda_{\rho}$ が成立するとしてよい．従って，

$$x = \sum_{\rho=0}^{r} \lambda_{\rho} x^{\rho}$$

が成立する．$x^{\rho} \in \overline{M}$なので，$x \in \{\overline{M}\}$ をえて，$\overline{\{M\}} = \{\overline{M}\}$ が成立する．
□

2.7 凸包と端点

命題 31 もし M が任意の集合で H が任意の支持超平面ならば，$\{M \cap H\} = \{M\} \cap H$ が成立する．

証明 $\{M \cap H\} \subset \{M\} \cap H$ が成立することは明らかである．もし I が H が境界である M の台の内部ならば，凸集合 $I \cup \{M \cap H\}$ は M を含む．よって，$I \cup \{M \cap H\} \supset \{M\}$ である．これより，

$$\{M \cap H\} = \{(I \cup \{M \cap H\}) \cap H\} = (I \cup \{M \cap H\}) \cap H \supset \{M\} \cap H$$

が成立する．□

命題 32 もし C が線形多様体でも半線形多様体でもない閉凸集合ならば，C はその相対的境界点の凸包である．

証明 p を C の任意の相対的内点とする．$S(C)$ 内に p を通る直線 L で，それは $A_p(C)$ と p 以外の共通点をもたないものの存在を示せば十分である．なぜなら，そのときには $C \cap L$ は有界で L は 2 つの相対的境界点を含み，p がこれら 2 点を端点とする線分上にあるからである．もし $d(A_p(C)) < d(C)$ であるならば，明らかに p を通る直線で $A_p(C)$ とは p 以外の共有点をもたないものが存在する．もし $d(A_p(C)) = d(C)$ ならば，$A_p(C)$ は線形多様体ではなく (もし $A_p(C)$ が線形多様体であるとすると，C は $A_p(C)$ に等しくなり仮定に反する．) 半線形多様体でもない．(この場合 C は半線形多様体となってしまう．) これは $l(A_p(C)) \leqq d(A_p(C)) - 2$ を意味する．$S(A_p(C)) = S(C)$

内には $s(A_p(C))$ のみが $A_p(C)$ との共通部分となる $A_p(C)$ の支持線形多様体が存在するので，$S(C)$ 内に求める性質をもつ直線 L が存在する．□

凸集合の点は，もしそれがその凸集合に含まれる任意の線分の内点ではないならば，すなわち，もしそれがそれと異なるその凸集合内の点の重心ではないならば，**端点**という．

命題 33 閉有界凸集合はその端点の凸包である．

証明　1 次元の場合は明らかである．もし閉有界凸集合 C が n 次元で p が C の相対的境界点ならば，p を通る C の支持超平面 H が存在する．ここで $n-1$ 次元以下の閉有界凸集合 $C \cap H$ の端点は C の端点である．これは，その内点として H の点を含むような H に含まれない任意の線分は H を貫く，すなわち，H の両側にその点をもつからである．$(n-1)$ 次元以下に対するこの命題の主張より，p は $C \cap H$ の端点の重心である．よって，C の相対的境界点は C の端点の凸包に含まれる．命題 32 により，C それ自身はその端点の凸包に含まれる．これで命題 33 の帰納法による証明が完了する．□

2.8　射影空間における双対性

定義　射影空間内の点集合 C は以下の性質をみたすとき，p-凸であるという．

1) C は全射影空間でも空集合でもない．

2) C は連結である．

3) C に属さない任意の点に対し，その点を通る C と交わらない超平面が存在する．

射影空間内の超平面集合 Γ は，次の性質をもつとき p-凸であるという．

1) Γ は射影空間のすべての超平面からなる集合でも，空集合でもない．

2) Γ は連結である．

3) Γ に属さない各超平面内に，Γ 内の超平面のどれにも属さない点が存在する．

Cをp-凸としCの外側に超平面をとり，それを無限遠平面とする．このときCはアフィン空間のs-凸点集合である．xとyをC内の任意の2点とし，仮にCに属さない有限線分xy上の点zが存在したとする．すると，Cと交わらないzを通る超平面が存在する．この超平面は(無限遠平面と共に)xとyを分離することになり，Cが連結であることに矛盾する．よって，Cは凸である．pをCに属さない任意の点とする．Cと交わらないpを通る超平面が存在する．するとこの超平面は$\overline{P_p(C)}$の台を限るので，それは$s\left(\overline{P_p(C)}\right)$を含む．これで$C$が$s$-凸であることが証明された．

逆に，アフィン空間のすべてのs-凸点集合が，無限遠平面を隣接させて得られる射影空間でp-凸であること示す．無限遠点はCに属さず，それらはCと交わらない超平面内に存在する．Cは明らかに連結である．Cのすべての外点に対し，それを通るCの限界が存在する．Cには属さない任意の点$y \in \overline{C}$に対し，その点を通るがCとは交わらない支持超平面が存在する．なぜなら，$\overline{P_y(C)}$の支持超平面で，$\overline{P_y(C)}$とは$s\left(\overline{P_y(C)}\right)$のみで交わるものが存在し，$s\left(\overline{P_y(C)}\right) \cap C$が空だからである．

命題 34 もしCがp-凸集合ならば，Cと交わりをもたない超平面すべての集合Γはp-凸である．

命題 35 もしΓがp-凸超平面集合ならば，Γ内のどの超平面にも属さない点すべての集合Cはp-凸である．

証明 この2つの主張は互いに双対である．よってどちらか1つを証明すれば十分である．p-凸集合Cが与えられたとし，Cと交わらない超平面すべての集合をΓとする．Cは空ではないので，Γはすべての超平面を含むわけではない．Γ内の超平面を1つ選び，それを無限遠平面とみなす．すると，Γ内の他の超平面はすべてCの壁である．これらの壁は凸集合をなし，任意に遠くにある壁が存在するので，Γは連結である．Γに属さない超平面はCのある点を含み，この点を通る超平面はΓには属さない．□

明らかにΓ内のどの超平面にも属さない点すべての集合は，ちょうど元の点集合Cに等しい．よって，CとΓはこのような単純な方法で互いに決定し合っている．

集合の任意のこのような組 C，Γ を考え，任意の相関 $\xi = Ax$ を適用しよう．このとき，$\Gamma^* = AC$ と $C^* = A'^{-1}\Gamma$ は同種の他の組を形作る．もしその相関が対合的，すなわち，$A = \pm A'$ ならば，

$$C^{**} = C$$

が成立する．$A = A'$ である場合，C^* は 2 次方程式 $x'Ax = 0$ に関する C の極体と呼ばれる．双線形方程式 $x'Ax^* = 0$ により，C の極体 C^* が以下のように決定される：任意の固定された点 $x \in C$ に対し，これは Γ^* に属するある超平面の方程式であるが，C^* はこのような超平面に属さないすべての点 x^* からなる．

$$A = \begin{pmatrix} -1 & 0 & \cdots & 0 \\ 0 & 1 & \cdots & 0 \\ \vdots & \vdots & & \vdots \\ 0 & 0 & \cdots & 1 \end{pmatrix}$$

とし，無限遠平面として $x_0 = 0$ を選ぶ．このとき，双線形方程式は

$$x_1x_1^* + \cdots + x_nx_n^* - x_0x_0^* = 0$$

である．原点は無限遠平面に対応する．$x_0 = x_0^* = 1$ とおくと，ユークリッド空間における単位球に関する双対性をえる．原点が内点となっている有界凸集合 C に対しては，同様の性質をもつ C^* が対応する．もし C が開ならば，C^* が閉であり，その逆も成立する．C と C^* の閉包は明らかに互いに決定しあうが，これは凸体の Minkowski の双対性を与える．

C を原点を頂点とする閉凸錐とする．このとき，もし $\Gamma^* = AC$ によって定義されるならば，C^* は以前の意味での C の極錐である．そうでない場合は，原点を付け加える必要がある．

n を $n+1$ で置き換え，斉次座標を $x_0, \ldots, x_n, z$ で表し，

$$A = \begin{pmatrix} 0 & 0 & \cdots & 0 & -1 \\ 0 & 1 & \cdots & 0 & 0 \\ \vdots & \vdots & & \vdots & \vdots \\ 0 & 0 & \cdots & 1 & 0 \\ -1 & 0 & \cdots & 0 & 0 \end{pmatrix}$$

を考える．対応する双線形方程式は

$$-x_0 z^* - x_0^* z + x_1 x_1^* + \cdots + x_n x_n^* = 0$$

である．もし非斉次座標を直交座標と解釈すれば，これは回転放物面 $2z = x_1^2 + \cdots + x_n^2$ に関する双対性である．z 軸の無限遠点，すなわち，$x_\nu = 0$, $z = 1$ である点，は無限遠平面 $x_0 = 0$ に対応する．他のすべての無限遠点には z 軸に平行な超平面が対応する．原点は超平面 $z^* = 0$ に対応する．もし凸集合 C が，z 軸の正部分を含むが負部分を含まない漸近錐をもつならば，極集合 C^* も同じ性質をもつ．原点を頂点とし，z 軸の正部分を含む閉凸錐 C に対し，その極集合 C^* は，その端点が $z = 0$ 内の閉凸集合を形作るような開半直線によって生成される半円柱である．この双対性は凸関数を扱う際に特に有用である．

第3章
凸関数

3.1 定義と基本性質

定義　D を $A^n(x_1, \ldots, x_n)$ の凸集合とする．D 内の x に対し定義された実数値関数 $f(x)$ は，$0 \leqq \theta \leqq 1$ と D 内の x と y に対し

$$f((1-\theta)x + \theta y) \leqq (1-\theta)f(x) + \theta f(y)$$

が成立するならば，**凸**であるという． もし $<$ が，$0 < \theta < 1$ と D 内の相異なる x と y に対して成立するならば，$f(x)$ は D において**狭義凸**であるという．関数 $f(x)$ は，もし $-f(x)$ が凸 (狭義凸) ならば，**凹** (**狭義凹**) という．

もし $f(x)$ が A^n の集合 D で定義されているならば，$x = (x_1, \ldots, x_n)$ が D に属し $z \geqq f(x)$ であるような $A^{n+1}(x_1, \ldots, x_n, z)$ の点すべての集合を $[D, f]$ と表す．

以下に示す各命題について，異なる仮定を明確にしないかぎり，常に関数の定義域は凸であると仮定する．

命題 1 関数 $f(x)$ が集合 D 上で凸であるための必要十分条件は集合 $[D, f]$ が凸であることである．

証明　もし $f(x)$ が D 上で凸で，(x, z_0) と (y, z_1) が $[D, f]$ の点であるならば，

$$(1-\theta)z_0 + \theta z_1 \geqq (1-\theta)f(x) + \theta f(y) \geqq f((1-\theta)x + \theta y)$$

が成立する．これは点 $((1-\theta)x+\theta y, (1-\theta)z_0+\theta z_1)$ が $[D, f]$ に属することを意味する．逆の証明はより明らかである．□

命題 2 もし $f(x)$ が D 上で凸であり，M は $n\times m$ 行列で b は A^n のベクトルで, $x = My + b$ であるならば，$f(My+b)$ は D の逆像上で凸である．ここで D の逆像とは $My+b\in D$ となるような点 $y=(y_1,\ldots,y_m)$ すべての点からなる集合である.

証明

$$f(M((1-\theta)y^0+\theta y^1)+b) = f((1-\theta)(My^0+b)+\theta(My^1+b))$$

が成立することより明らかである．□

命題 3 もし $f_\rho(x)$，$\rho=0,1,\ldots,r$ が D 上の凸関数で $\lambda_\rho \geqq 0$ ならば，関数 $\sum_{\rho=0}^{r}\lambda_\rho f_\rho(x)$ も D 上で凸である.

証明 これは不等式を加える際に成立する法則より証明される．□

命題 4

もし $f(x)$ が D 上で凸で，$x^\rho\in D$，$\lambda_\rho\geqq 0$，$\sum_{\rho=0}^{r}\lambda_\rho = 1$ ならば,

$$f\left(\sum_{\rho=0}^{r}\lambda_\rho x^\rho\right) \leqq \sum_{\rho=0}^{r}\lambda_\rho f(x^\rho)$$

が成立する.

証明 凸性の定義より $r=1$ ならばこの主張は成立する．もし $\lambda_0=1$ ならば，この主張は明らかである．$\lambda_0<1$ と仮定する．$1-\lambda_0=\sum_{\rho=1}^{r}\lambda_\rho$ なので，$r-1$ と 1 に対する命題 4 より

$$f\left(\sum_{\rho=0}^{r}\lambda_\rho x^\rho\right) = f\left(\lambda_0 x^0 + (1-\lambda_0)\sum_{\rho=1}^{r}\frac{\lambda_\rho}{1-\lambda_0}x^\rho\right)$$

$$\leqq \lambda_0 f(x^0) + (1-\lambda_0) f\left(\sum_{\rho=1}^{r}\frac{\lambda_\rho}{1-\lambda_0}x^\rho\right)$$

$$\leqq \lambda_0 f(x^0) + (1-\lambda_0)\sum_{\rho=1}^{r}\frac{\lambda_\rho}{1-\lambda_0}f(x^\rho)$$

$$= \sum_{\rho=0}^{r} \lambda_\rho f(x^\rho)$$

が成立するので，数学的帰納法により命題 4 が証明される．□

命題 5 関数 $f(x)$ が D 上で凸でありかつ凹であるための必要十分条件はそれが D 上で線形であることである．

証明 十分性は明らかである．もし関数 $f(x)$ が D 上で凸でありかつ凹であるならば，f と $-f$ に命題 4 を適用することにより，$\lambda_\rho \geqq 0$, $\sum_{\rho=0}^{r} \lambda_\rho = 1$ に対し，

$$(*) \quad f\left(\sum_{\rho=0}^{r} \lambda_\rho x^\rho\right) = \sum_{\rho=0}^{r} \lambda_\rho f(x^\rho)$$

が成立する．もし r が D の線形次元に等しく点 x^ρ が線形独立ならば，$(*)$ は f が x^ρ を頂点とする単体上で線形であることを示している．

ここで，$x = \sum_{\rho=0}^{r} \mu_\rho x^\rho$，$\sum_{\rho=0}^{r} \mu_\rho = 1$ を D の任意の点とする．この点 x と単体の重心 $\left(\sum_{\rho=0}^{r} x^\rho\right)/(r+1)$ に仮定を適用すると，$0 \leqq \theta \leqq 1$ に対し，

$$\begin{aligned} & f\left(\sum_{\rho=0}^{r}\left(\frac{1-\theta}{r+1} + \theta\mu_\rho\right) x^\rho\right) \\ & = (1-\theta) f\left(\frac{1}{r+1}\sum_{\rho=0}^{r} x^\rho\right) + \theta f\left(\sum_{\rho=0}^{r} \mu_\rho x^\rho\right) \end{aligned}$$

が成立する．点 $\sum_{\rho=0}^{r}((1-\theta)/(r+1) + \theta\mu_\rho)x^\rho$ は十分小さい θ に対し，x^ρ を頂点とする単体に属すので，$(*)$ より

$$f\left(\sum_{\rho=0}^{r}\left(\frac{1-\theta}{r+1} + \theta\mu_\rho\right) x^\rho\right) = \sum_{\rho=0}^{r}\left(\frac{1-\theta}{r+1} + \theta\mu_\rho\right) f(x^\rho)$$

が成立する．よって，

$$\sum_{\rho=0}^{r}\left(\frac{1-\theta}{r+1} + \theta\mu_\rho\right) f(x^\rho) = \frac{1-\theta}{r+1}\sum_{\rho=0}^{r} f(x^\rho) + \theta f\left(\sum_{\rho=0}^{r} \mu_\rho x^\rho\right)$$

が成立するので，これより

$$f\left(\sum_{\rho=0}^{r} \mu_\rho x^\rho\right) = \sum_{\rho=0}^{r} \mu_\rho f(x^\rho)$$

が成立する．□

命題 6 もし $f_\nu(x)$，$\nu = 1, 2, \ldots,$ が D 上の凸関数で $f_\nu(x)$ が $f(x)$ に各点収束するならば，$f(x)$ も D 上で凸である．

証明 これは $f(x)$ の D 上の凸性を定義する不等式が $f_\nu(x)$ の対応する不等式の極限であるからである．□

命題 7 α が任意の集合内を動くとして，$f_\alpha(x)$ が D 上の凸関数ならば，$\sup_\alpha f_\alpha(x)$ が有限値である D の点 x をすべて集めた集合は凸で，この集合上で $\sup_\alpha f_\alpha(x)$ は凸関数である．

証明 $g(x) = \sup_\alpha f_\alpha(x)$ と右辺の上限が有限である x に対し定義する．x と y を $\sup_\alpha f_\alpha$ が有限である任意の 2 点とする．このとき，

$$\begin{aligned} f_\alpha((1-\theta)x + \theta y) &\leqq (1-\theta)f_\alpha(x) + \theta f_\alpha(y) \\ &\leqq (1-\theta)g(x) + \theta g(y) \end{aligned}$$

が成立する．これは $\sup_\alpha f_\alpha((1-\theta)x + \theta y)$ が有限で $g((1-\theta)x + \theta y) \leqq (1-\theta)g(x) + \theta g(y)$ が成立することを示している．□

命題 8 もし $f(x)$ が D 上で凸であり，$\varphi(t)$ が $f(x)$ の値を含む区間上の単調増加凸関数ならば，$\varphi(f(x))$ は D 上で凸である．

証明 f の凸性と φ の単調性と φ の凸性より，

$$\begin{aligned} \varphi(f((1-\theta)x + \theta y)) &\leqq \varphi((1-\theta)f(x) + \theta f(y)) \\ &\leqq (1-\theta)\varphi(f(x)) + \theta\varphi(f(y)) \end{aligned}$$

が成立する．□

命題 9 もし $f(x)$ が D 上で凸で D' が D の相対的内部に含まれるコンパクト集合ならば，$f(x)$ は D' 上で上に有界である．

証明 D' を D に含まれる有限個の閉単体で覆う．D' の任意の点 x はそれを含む単体の頂点の重心である．x^i で x を含む単体の頂点すべてを表すとすると，命題 4 より $f(x)$ は $f(x^i)$ の最大値以下である．単体の数は有限なので，$f(x)$ は D' 上で上に有界である．□

命題 10 もし $f(x)$ が D 上で凸ならば，それは D の有界部分集合上で下に有界である．

証明 x^0 を D の相対的内点とし，これを固定して考える．正数 δ を十分小さくとり，D で張られた線形多様体内で，x^0 を中心とし δ を半径とする閉球 K が D の相対的内部に含まれるようにする．D の任意の点 x に対し，x と x^0 を結ぶ直線上の点で x と x^0 の間にはない x^0 からの距離が δ である点を y と表す．この定義より $y \in K \subset D$ が成立する．f の凸性より

$$f(x^0) \leqq \frac{\delta}{\rho+\delta} f(x) + \frac{\rho}{\rho+\delta} f(y)$$

が成立する．ここで ρ は距離 $\|x - x^0\|$ を表す．よって，

$$\delta f(x) \geqq (\rho+\delta) f(x^0) - \rho f(y)$$

が成立する．K は閉で D の相対的内部に含まれるので，$f(y)$ は上に有界である (命題 9)．よって，ρ が有界なので，$f(x)$ は下に有界である．□

命題 11 もし $f(x)$ が D 上の凸関数であり D の相対的内点で最大値をとるならば，$f(x)$ は D 上の定値関数である．

証明 $f(x)$ が相対的内点 x^0 で最大値をもつとする．もし x を D の任意の点とすると，十分小さい正数 η をとれば，点 $y = (1+\eta)x^0 - \eta x$ も D に属する．$f(x) \leqq f(x^0)$ と $f(y) \leqq f(x^0)$ が成立するので，

$$f(x^0) = f\left(\frac{\eta}{1+\eta} x + \frac{1}{1+\eta} y\right) \leqq \frac{\eta}{1+\eta} f(x) + \frac{1}{1+\eta} f(y) \leqq f(x^0)$$

が成立し，$f(x) = f(x^0)$ が成立する．□

上述の議論により，凸関数が相対的開近傍上で極大値をとるのは，その近傍上でそれが定値関数の場合に限ることが分る．もしこのような場合が生じるならば，この定値は $f(x)$ の最小値でなければならないことを次の命題が示している．

命題 12 もし $f(x)$ が D 上で凸ならば，$f(x)$ は高々 1 つの極小値をもつ．もしこのような極小値が存在するなら，それは最小値であり，最小値をとる x すべての集合は凸集合となる．

証明 x^0 において極小値をとるとする．D の任意の点 x に対し，もし θ が十分小さい正数であれば，

$$f(x^0) \leqq f((1-\theta)x^0 + \theta x) \leqq (1-\theta)f(x^0) + \theta f(x)$$

が成立する．よって $f(x) \geqq f(x^0)$ なので $f(x^0)$ は f の最小値である．もし x^0 と x^1 の 2 点で $f(x)$ がその最小値 μ に達するならば，

$$\mu \leqq f((1-\theta)x^0 + \theta x^1) \leqq (1-\theta)f(x^0) + \theta f(x^1) = \mu$$

が成立する．よって，f は $(1-\theta)x^0 + \theta x^1$ においても最小値に達する．□

命題 13 $f(x)$ を線形多様体 F を含む集合 D 上で定義された凸関数とする．もし，F 上で $f(x) \leqq l(x)$ が成立するような A^n 上の (非斉次) 線形関数 $l(x)$ が存在するならば，$f(x) - l(x)$ は F 上で定値であり，F の平行移動であり D の相対的内部に含まれるすべての線形多様体上で定値である．

証明 関数 $g(x) = f(x) - l(x)$ は D 上で凸であり F 上で非正である．もし x^0 が F 内の固定された点で，x が F 内の他の点であるならば，点 $x^\lambda = (1-\lambda)x^0 + \lambda x$ はすべての λ に対し F に属す．もし $\lambda > 1$ ならば，$g(x)$ の凸性より

$$g(x) \leqq \left(1 - \frac{1}{\lambda}\right) g(x^0) + \frac{1}{\lambda} g(x^\lambda) \leqq \left(1 - \frac{1}{\lambda}\right) g(x^0)$$

が成立する．$\lambda \to \infty$ とすると，関係

$$g(x) \leqq g(x^0)$$

が成立する．もし $\lambda < 0$ ならば，$g(x)$ の凸性より

$$g(x^0) \leqq \frac{1}{1-\lambda} g(x^\lambda) + \frac{\lambda}{\lambda - 1} g(x) \leqq \frac{\lambda}{\lambda - 1} g(x)$$

が成立する．$\lambda \to -\infty$ とすると，

$$g(x) \geqq g(x^0)$$

が成立する．よって，$g(x)$ は F 上で定値である．ベクトル v に対し，F の平行移動 $F' = F + v$ が D の相対的内部に含まれると仮定する．$\lambda > 1$ を十分

大きくとり点 $x^0+(\lambda/(\lambda-1))v$ が D に属するようにする．x と x^λ を上述のとおりとし，凸性の定義を点 $x^0+(\lambda/(\lambda-1))v$，$x+v$，$x^\lambda$ に適用すると，

$$\begin{aligned} g(x+v) &\leqq \left(1-\frac{1}{\lambda}\right)g\left(x^0+\frac{\lambda}{\lambda-1}v\right)+\frac{1}{\lambda}g(x^\lambda) \\ &\leqq \left(1-\frac{1}{\lambda}\right)g\left(x^0+\frac{\lambda}{\lambda-1}v\right) \end{aligned}$$

が成立する．命題 9 により g は x^0+v の近傍で上に有界である．よって，$(1-(1/\lambda))g(x^0+(\lambda/(\lambda-1))v)$ は十分大きなすべての λ に対し一様に上に有界である．よって $g(x+v)$ は $x\in F$ に対し上に有界である．すなわち，g は F' 上で上に有界である．g が F' 上で定値であることは，この定理の前半を F' 上で関数 g に適用すれば得られる．□

第 2 章の命題 24 を集合 $[D,f]$ に適用して，命題 13 を証明することもできる．

命題 14　$f(x)$ は D 上で凸で，p は D の相対的内点とする．D 内の，線形独立な方向をもち，p を共通の内点とする有限個の (有限あるいは無限) 線分のそれぞれの上で $f(x)$ は線形であると仮定する．このとき，$f(x)$ はこれらの線分の凸包上で線形である．

証明　それらの線分上では $f(x)$ と一致する A^n 上の (非斉次) 線形関数 $l(x)$ が存在する．よって，凸関数 $g(x)=f(x)-l(x)$ はそれらの線分上で 0 である．それらの線分の凸包の任意の点 x は，それらの線分に属する点 x^ρ をもって

$$x=\sum_{\rho=0}^{r}\lambda_\rho x^\rho,\quad \lambda_\rho\geqq 0,\quad \sum_{\rho=0}^{r}\lambda_\rho=1$$

と表される．よって，命題 4 より

$$g(x)\leqq\sum_{\rho=0}^{r}\lambda_\rho g(x^\rho)=0$$

が成立する．しかし，p はその凸包の相対的内点であり，そして $g(p)=0$ である．よって，（命題 11 より）$g(x)$ はそれら線分の凸包上で常に 0 である．
□

定義 原点を頂点とする錐 D 上で定義された関数 $f(x)$ は，すべての $x \in D$ とすべての $\lambda \geqq 0$ に対し，$f(\lambda x) = \lambda f(x)$ が成立するならば，D 上で (1 次) 正斉次という．

命題 15 凸錐 D 上の正斉次関数 $f(x)$ が凸であるための必要十分条件は，D 内のすべての x と y に対し，

$$f(x+y) \leqq f(x) + f(y)$$

が成立することである．

証明 $f(x)$ の凸性より

$$\frac{1}{2}f(x+y) = f\left(\frac{1}{2}x + \frac{1}{2}y\right) \leqq \frac{1}{2}f(x) + \frac{1}{2}f(y)$$

が成立する．一方，この不等式より，$0 \leqq \theta \leqq 1$ である θ に対し

$$f((1-\theta)x + \theta y) \leqq f((1-\theta)x) + f(\theta y) = (1-\theta)f(x) + \theta f(y)$$

が成立することが導かれる．□

正斉次凸関数の重要な例として A^n 内の点集合の支持関数がある．

定義 M を A^n の任意の点集合とする．$B(M)$ で M がその方向に有界であるすべてのベクトル ξ からなる原点を頂点とする凸錐を表す (第 2 章第 5 節)．$B(M)$ 上で定義された関数

$$h_M(\xi) = \sup_{x \in M} x'\xi$$

を M の支持関数とよぶ．

$h_M(\xi)$ が $B(M)$ 上で正斉次であることは明らかである．それが凸であることは命題 7 より得られる．

明らかに，もし $M \subset N$ ならば $B(N)$ 上で $h_M(\xi) \leqq h_N(\xi)$ が成立する．

もし $\|\xi\| = 1$ ならば，$h_M(\xi)$ は正法線ベクトル ξ をもつ M の支持線形多様体への原点からの距離である．よって，$h_M(\xi)$ は M のすべての台を決定

する．$h_M(\xi)$ が正斉次であるので，その逆も成立する．よって M と M の凸包の閉包 $\overline{\{M\}}$ は同じ支持関数をもつ．そして，2 つの集合 M と N が同じ支持関数をもつための必要十分条件は $\overline{\{M\}} = \overline{\{N\}}$ が成立することである．

M を支持関数 $h_M(\xi)$ をもつ点集合とし，λ を実数とする．このとき，もし $\lambda \geqq 0$ ならば，集合 λM は $B(M)$ 上で定義された支持関数 $\lambda h_M(\xi)$ をもち，もし $\lambda < 0$ ならば，$-B(M)$ 上で定義された支持関数 $-\lambda h_M(-\xi)$ をもつ．

もし M と N が支持関数 $h_M(\xi)$ と $h_N(\xi)$ をもつ点集合ならば，集合 $M+N$ は $B(M) \cap B(N)$ 上で定義された支持関数

$$h_{M+N}(\xi) = h_M(\xi) + h_N(\xi)$$

をもつ．これは以下の式

$$\sup_{x+y \in M+N} (x+y)'\xi = \sup_{x \in M,\, y \in N} (x'\xi + y'\xi) = \sup_{x \in M} x'\xi + \sup_{y \in N} y'\xi$$

より成立する．

3.2　1 変数凸関数の連続性と微分可能性

これから $A^1(-\infty < t < \infty)$ 内の凸集合 D で定義された凸関数 $\varphi(t)$ を考察していく．ここで D は (開，閉，半開，無限などの可能性はあるが) 区間でなければならない．第 1 節で凸関数を定義するために用いた不等式は，もし $x \neq y$，$\theta \neq 0$，$\theta \neq 1$ ならば，D の任意の 3 点 $t_1 < t_2 < t_3$ に対し，

$$\varphi(t_2) \leqq \frac{t_3 - t_2}{t_3 - t_1}\varphi(t_1) + \frac{t_2 - t_1}{t_3 - t_1}\varphi(t_3)$$

が成立することと同値である．もし $x = y$ または $\theta = 0$ または $\theta = 1$ であるならば，第 1 節の不等式はすべての関数に対し成立する．よって，上記の不等式は第 1 節の不等式より弱いわけではない．

命題 16　もし $\varphi(t)$ が D 上で凸ならば，$t_1 < t_2 < t_3$ に対し

$$\frac{\varphi(t_2) - \varphi(t_1)}{t_2 - t_1} \leqq \frac{\varphi(t_3) - \varphi(t_1)}{t_3 - t_1} \leqq \frac{\varphi(t_3) - \varphi(t_2)}{t_3 - t_2}$$

が成立する．逆に，もし D 内のすべての $t_1 < t_2 < t_3$ に対しこの不等式が成立するならば，関数 $\varphi(t)$ は D 上で凸である．

証明 命題16の第1の不等式は，上記の凸性の定義の不等式の両辺から $\varphi(t_1)$ を引き，$t_2 - t_1$ で割ることにより得られる．反対の過程をたどることにより逆の証明をえる．同様に命題16の第2の不等式も凸性の定義の不等式と同値である．□

命題16は $h \to +0$ のとき $(\varphi(t+h) - \varphi(t))/h$ が単調減少であることを示している．よって，右側微分

$$\varphi'_+(t) = \lim_{h \to +0} \frac{\varphi(t+h) - \varphi(t)}{h}$$

が存在し，それは有限値か $-\infty$ である．同様に左側微分

$$\varphi'_-(t) = \lim_{h \to +0} \frac{\varphi(t-h) - \varphi(t)}{-h}$$

が存在し，それは有限値か $+\infty$ である．命題16より D の内点 t と十分小さい $\varepsilon > 0$ に対し，

$$\varphi'_+(t-\varepsilon) \leqq \varphi'_-(t) \leqq \varphi'_+(t) \leqq \varphi'_-(t+\varepsilon)$$

が成立する．$\varphi'_+ < \infty$ で $\varphi'_- > -\infty$ なので，D の任意の内点でどちらの微分も存在する．従って，D の内部で φ は連続である．さらに，どちらか一方の微分が連続である点ではこの2つの微分が一致する，すなわち，$\varphi(t)$ は通常の微分をもつ．どちらの微分も単調増加関数なので，それらは不連続点をもつとしても高々可算無限個である．十分小さい固定された $h \neq 0$ に対し，$(\varphi(t+h) - \varphi(t))/h$ は D の内部に含まれる任意の閉区間上で連続である．したがって，$\varphi'_+(t)$ は連続関数の減少列の極限であるので，上半連続である．同様に，$\varphi'_-(t)$ は下半連続である．半連続性と単調性を組合せて $\varphi'_+(t)$ は右側連続であり，$\varphi'_-(t)$ は左側連続であることが分る．

これらの事実は以下のようにまとめられる．

命題 17 もし $\varphi(t)$ が区間 D 上の凸関数ならば，D のすべての内点でそれは連続であり有限値の片側微分 $\varphi'_-(t)$ と $\varphi'_+(t)$ をもつ．これらの微分は単調増

加関数であり，高々可算無限個しかない両方が跳びをもつ点を除いて同じ値をもつ．跳びにおける $\varphi'_-(t)$ の値は左側極限であり，跳びにおける $\varphi'_+(t)$ の値は右側極限である．

命題 18 もし $\varphi(t)$ が D 上の凸関数ならば，$\varphi''(t)$ がルベーグ測度零の集合を除いて D のすべての点で存在する．それが存在するところでは，それは非負である．

証明 これは単調関数はほとんどすべての点で微分をもつというルベーグの定理より導かれる．□

命題 19 区間 D で連続で D の内部で 2 階微分可能である関数 $\varphi(t)$ は，もし $\varphi''(t) \geqq 0$ が D の内部のすべての t に対し成立するならば，D 上で凸である．

証明 命題 16 によると，任意の $t_1 < t_2 < t_3$ に対し，

$$\frac{\varphi(t_3)-\varphi(t_2)}{t_3-t_2} - \frac{\varphi(t_2)-\varphi(t_1)}{t_2-t_1} \geqq 0$$

が成立することさえ示せばよい．平均値の定理を繰り返し適用することにより，左辺が φ'' のある値の正数倍に等しいことが確認でき，この不等式をえる．□

命題 20 命題 19 と同じ仮定の下に，$\varphi(t)$ が狭義凸であるための必要十分条件は，D の内部のすべての t に対し $\varphi''(t) \geqq 0$ が成立し，D の (自明でない) 任意の部分区間上で恒等的に 0 でないことである．

証明 命題 20 は，$\varphi(t)$ が凸であるが狭義凸ではないための必要十分条件は，それが D 上で凸で，D のある部分区間で線形であることであることを主張している．ここで，この条件は明らかに十分である．それが必要であることは以下のようにして確認できる．もし $\varphi(t)$ が凸であるが狭義凸でないならば，値 t_0 と t_1 が存在し，

$$\psi(\theta) = \varphi((1-\theta)t_0 + \theta t_1) - (1-\theta)\varphi(t_0) - \theta\varphi(t_1) \leqq 0$$

が $0 \leqq \theta \leqq 1$ である θ に対し成立し，$0 < \theta_0 < 1$，$\psi(\theta_0) = 0$ が成立するような θ_0 が存在する．これは凸関数 $\psi(\theta)$ が θ_0 において最大値をとり，したがって，それは定値関数であることを意味する (命題 11)．□

凸関数 $\varphi(t)$ のその定義域 D の端点における振舞いは以下のように記述できる．$\varphi(t)$ は D 全体で単調であるか，D の $\varphi(t)$ の最小点によって分離される互いに補集合をなす 2 つの部分区間のそれぞれの上で単調であるかのどちらかである (命題 12)．よって，t が D の端点 e に近づくとき，$\varphi(t)$ は有限値あるいは無限値の極限をもつ．もし e が有限値ならば，命題 10 より $\lim_{t\to e}\varphi(t) > -\infty$ である．もし e が D に属するならば，$\varphi(t)$ の凸性より $\lim_{t\to e}\varphi(t) \leqq \varphi(e)$ が成立する．一方，この不等式を満たすどのような値を $\varphi(e)$ に与えても，$\varphi(t)$ の凸性が保たれることは容易に分る．D と $\varphi(t)$ を以下のように定義しなおすと便利なことが多い．もし e が D に属する D の端点ならば，必要に応じて，$\varphi(e) = \lim_{t\to e}\varphi(t)$ と e における φ の値を変更する．もし e が D に属さない D の有限値の端点であり，そして $\lim_{t\to e}\varphi(t)$ が有限値ならば，D に e を付け加え $\varphi(e) = \lim_{t\to e}\varphi(t)$ と定義する．これらの本質的ではない変更により，定義域である区間 D 全体で連続であり，D に属さない有限値である D の端点に t が近づく時は $\varphi(t) \to \infty$ であるような凸関数 $\varphi(t)$ が得られる．このような性質をもつ関数については，集合 $[D, \varphi]$ は閉である．逆に，もし凸集合 $[D, \varphi]$ が閉ならば，φ はこのような関数である．

3.3 多変数凸関数の連続性

命題 21 $f(x)$ は A^n 内の凸集合 D 上の凸関数であり，D' は D の相対的内部内のコンパクト凸集合と仮定する．$\delta > 0$ を，D' の閉相対的 δ-近傍 $D'' = D' + \delta\overline{U}$ も D の相対的内部に含まれるような実数とする．ここで $\overline{U}$ は，D を含む最小の線形多様体を原点を通るように平行移動した部分空間の閉単位球を表す．M と m を，D'' 上で $m \leqq f(x) \leqq M$ をみたす数とする (命題 9，命題 10)．これらの条件の下に，任意の $x \in D'$ と $x + y \in D''$ をみたす任意のベクトル y に対し

$$|f(x+y) - f(x)| \leqq \frac{M-m}{\delta}\|y\|$$

が成立する．

証明　もし $y=0$ ならば，この主張は明らかである．もし $y\neq 0$ ならば，固定された $x\in D'$ と $y\in S(D)-x$ に対し実変数 t の関数 $f(x+ty)$ を考える．これは少なくとも区間 $-\delta/\|y\|\leqq t\leqq \delta/\|y\|$ 上で定義された凸関数である．命題 16 により，$0<t\leqq \delta/\|y\|$ に対し

$$\frac{f(x)-f(x-(\delta/\|y\|)y)}{\delta}\|y\|\leqq \frac{f(x+ty)-f(x)}{t}$$
$$\leqq \frac{f(x+(\delta/\|y\|)y)-f(x)}{\delta}\|y\|$$

が成立し，よって，

$$\left|\frac{f(x+ty)-f(x)}{t}\right|\leqq \frac{M-m}{\delta}\|y\|$$

が成立する．もし $\|y\|\leqq\delta$ ならば，t に 1 を代入することができるので，求める不等式をえる．$x+y\in D''$ で，$\|y\|>\delta$ ならば，求める不等式は明らかに成立する．□

命題 21 の不等式は f が D' 上で一様リプシッツ条件を満たすことを示している．よって，領域 D'' 上の一様有界な凸関数の族は D' 上で同等連続である．このことより次の命題が成立する．

命題 22　相対的開凸集合 D 上の凸関数の集合が D のすべてのコンパクト集合上で一様有界であるならば，この集合から関数列を選び出し D 上である凸関数に収束させることができる．さらに，その収束は D 内の任意のコンパクト部分集合上で一様である．

次の命題は命題 21 の簡単な結果である．

命題 23　もし $f(x)$ が D 上で凸ならば，D の相対的内部で連続である．

凸関数のその定義域の境界における振舞いは本質的に次の命題で記述されている．

命題 24　もし $f(x)$ が D 上で凸で，y が D の相対的境界点ならば，

$$\varliminf_{x\to y} f(x)>-\infty$$

が成立する．もし $y \in D$ ならば，

$$\underline{\lim}_{x \to y} f(x) \leqq f(y)$$

が成立する．

証明 初めの主張は命題 10 より導かれる．任意の固定された $x^0 \in D$ に対し，

$$\begin{aligned}\underline{\lim}_{x \to y} f(x) &\leqq \lim_{\theta \to 1} f((1-\theta)x^0 + \theta y) \\ &\leqq \lim_{\theta \to 1}((1-\theta)f(x^0) + \theta f(y)) \\ &= f(y)\end{aligned}$$

が成立することより第 2 の主張が導かれる．□

$x_2 > 0$ に対し，

$$f(x_1, x_2) = \frac{x_1^2 + x_2^2}{2x_2}$$

と定義し，$f(0,0)$ を任意の非負実数と定義する．このとき f は半平面 $x_2 > 0$ に原点を付け加えた集合上で凸である．ここで，$\underline{\lim}_{x \to 0} f(x) = 0$ が成立するが，一方で $\overline{\lim}_{x \to 0} f(x) = +\infty$ が成立する．この例は，命題 24 の "$\underline{\lim}$" を "lim" で置き換えることができず，この不等式を強めることができないことを示している．

命題 25 $f(x)$ を相対的開凸集合 $\widetilde{D}$ 上の凸関数とする．$\underline{\lim}_{x \to y} f(x) < \infty$ であるような相対的境界点 y をすべて $\widetilde{D}$ に付け加えた集合を D と表す．D に属すが $\widetilde{D}$ には属さない y と $\widetilde{D}$ 内の x に対し，

$$f(y) = \underline{\lim}_{x \to y} f(x)$$

と定義する．これらの定義の下で，D は凸で $f(x)$ は D 上の凸関数である．

証明 もし y^0 と y^1 が D の任意の 2 点であるとすると，$\widetilde{D}$ の点からなる列 x^{0i} と $x^{1i} (i = 1, 2, \ldots)$ が存在し，$x^{0i} \to y^0$，$x^{1i} \to y^1$

$$\lim_{i \to \infty} f(x^{0i}) = \underline{\lim}_{x \to y^0} f(x), \quad \lim_{i \to \infty} f(x^{1i}) = \underline{\lim}_{x \to y^1} f(x)$$

が成立している．ここで $0 \leqq \theta \leqq 1$ である θ に対し，

$$f((1-\theta)x^{0i} + \theta x^{1i}) \leqq (1-\theta)f(x^{0i}) + \theta f(x^{1i})$$

が成立するので，

$$\begin{aligned} \underline{\lim}_{x \to (1-\theta)y^0 + \theta y^1} f(x) &\leqq \underline{\lim}_{i \to \infty} f((1-\theta)x^{0i} + \theta x^{1i}) \\ &\leqq (1-\theta)f(y^0) + \theta f(y^1) \\ &< \infty \end{aligned}$$

が成立する．これは $(1-\theta)y^0 + \theta y^1 \in D$ であり，

$$f((1-\theta)y^0 + \theta y^1) \leqq (1-\theta)f(y^0) + \theta f(y^1)$$

が成立していることを示している．□

命題 25 で記述した手順で得た関数は次の定義に与えられている性質をもつ．

定義　凸集合 D 上で定義された凸関数 $f(x)$ は，D には属さない D の相対的境界点 y に対し，$\lim_{x \to y} f(x) = \infty$ が成立し，D に属す D の相対的境界点 y に対し，$\underline{\lim}_{x \to y} f(x) = f(y)$ が成立するとき，閉であるという．

任意の凸関数から，その定義域の相対的境界点を取り除き，命題 25 で記述したようにその関数を拡張することにより，閉凸関数が得られる．

命題 26　もし D 上の $f(x)$ が閉凸関数ならば，$\lim_{x \to y} f(x) = f(y)$ が成立する．ここで，y は D の任意の点で，x は D の含まれる線分に沿って y に近づくものとする．

証明　x が x^0 から y に向かう線分に沿って近づくことは，式 $(1-\theta)x^0 + \theta y$ において θ を下から 1 に近づけることと同じである．

$$f((1-\theta)x^0 + \theta y) \leqq (1-\theta)f(x^0) + \theta f(y)$$

なので，

$$\overline{\lim}_{\theta \to 1} f((1-\theta)x^0 + \theta y) \leqq f(y)$$

が成立する．一方，$f(y) = \underline{\lim}_{x \to y} f(x)$ が成立する．これで証明が完了する．
□

命題 27 D 上の凸関数 $f(x)$ が閉であるための必要十分条件は，A^{n+1} 内の $[D,f]$ が閉であることである．

証明 A^{n+1} 内の $[D,f]$ が閉であると仮定する．y を D の相対的境界点とし，$x^i \in D$ を y に収束する点列で $\lim_{i\to\infty} f(x^i) = \underline{\lim}_{x\to y} f(x)$ が成立するものとする．もし，この $\underline{\lim}$ が有限値ならば，$[D,f]$ 内の点列 $(x^i, f(x^i))$ は $[D,f]$ 内の点 $(y, \underline{\lim}_{x\to y} f(x))$ に収束する．これは $y \in D$ であり，$f(y) \leqq \underline{\lim}_{x\to y} f(x)$ であることを意味する．命題 24 により，$f(y) = \underline{\lim}_{x\to y} f(x)$ が成立する．逆に，この関数が閉であると仮定する．(y,z) に収束する $[D,f]$ 内の任意の点列 (x^i, z_i) を考える．$z_i \geqq f(x^i)$ なので，$z \geqq \underline{\lim}_{x\to y} f(x)$ が成立する．これは $y \in D$ かつ $z \geqq f(y)$ であること，すなわち，$(y,z) \in [D,f]$ であることを示している．□

3.4 方向微分と微分可能性

命題 28 もし $f(x)$ が D 上で凸ならば，方向微分

$$f'(x;y) = \lim_{t\to+0} \frac{f(x+ty) - f(x)}{t}$$

が存在し，それは有限値か $-\infty$ である．ここで，x は D の任意の点で，y は $x+y$ が射影錐 $P_x(D)$ に属する任意のベクトルである．固定された x に対し，$f'(x;y)$ は射影錐の平行移動 $P_x(D)-x$ に属するすべての点 y に対し有限値であるか，または，$P_x(D)-x$ の相対的内部のすべてのベクトル y に対し $-\infty$ である．$P_x(D)-x$ において $f'(x;y)$ が有限値であるときは，$f'(x;y)$ は $P_x(D)-x$ 上の正斉次凸関数である．もし x が D の相対的内部の点ならば，錐 $P_x(D)-x$ は部分空間であり，この部分空間のすべての点 y に対し $f'(x;y)$ は有限値である．

証明 上の極限は，少なくともある区間 $0 \leqq t \leqq b$ で定義された t の凸関数 $f(x+ty)$ の $t=0$ における右側微分である．従って，その極限は存在し，$<\infty$ である (命題 17)．もし x が D の相対的内点ならば，$f(x+ty)$ は $t=0$ を内点とするある区間で定義され凸であるので，$f'(x;y)$ は有限値である．

もし $\lambda > 0$ ならば，

$$\frac{f(x+\lambda ty)-f(x)}{t} = \lambda\frac{f(x+\lambda ty)-f(x)}{\lambda t}$$

が成立する．よって，$\lambda > 0$ に対し，

$$(*) \quad f'(x;\lambda y) = \lambda f'(x;y)$$

が成立する．この等式が $\lambda = 0$ に対しても成立することは明らかである．もし $f'(x;y) = -\infty$ がある y に対し成立しているならば，それは $P_x(D)-x$ 内に y で生成される半直線上で無限値でなくてはならない．もし y^0 と y^1 が $P_x(D)-x$ 内の点とするならば，

$$\begin{aligned}
&\frac{f(x+t(y^0+y^1))-f(x)}{t}\\
&=\frac{f((x+2ty^0)/2+(x+2ty^1)/2)-f(x)}{t}\\
&\leqq \frac{f(x+2ty^0)-f(x)}{2t}+\frac{f(x+2ty^1)-f(x)}{2t}
\end{aligned}$$

が成立する．もし $f'(x;y)$ が半直線 (y^0) 上で $-\infty$ ならば，(y^0) と $P_x(D)-x$ の他の半直線 (y^1) との間にあり，その両者とは等しくないすべての半直線上でそれは $-\infty$ でなければならない．特に $P_x(D)-x$ の相対的内部全体で $f'(x;y) = -\infty$ が成立する．もし考察中の x に対し，どの y に対しても $f'(x;y)$ が $-\infty$ でないならば，上の不等式より $f(x;y^0+y^1) \leqq f'(x;y^0)+f'(x;y^1)$ が成立する．これと等式 $(*)$ を組み合わせることにより，$f'(x;y)$ が y の錐 $P_x(D)-x$ 上の正斉次凸関数であることが示される (命題 15)．□

$f'(x;y)$ が $P_x(D)-x$ の相対的内部に含まれるすべての半直線上で $-\infty$ であっても必ずしもその相対的境界に含まれるすべての半直線上で $-\infty$ であるとは限らないことを次の例が示している：D を平面内の境界を含む無限に伸びる帯状の領域とし，D 上の凸関数 $f(x)$ としてそのグラフが円筒の半分であるものを考える．もし x が D の境界点ならば，x からの方向が D の内部に向かうものならば $f'(x;y) = -\infty$ である．しかし，D の辺に沿う 2 つの方向では有限値である．

命題 29　もし $f(x)$ が D 上で凸ならば，D 内のすべての x と x^0 に対し，

$$f(x) \geqq f(x^0)+f'(x^0;x-x^0)$$

が成立する．もし $f(x)$ が凸錐 D 上で正斉次凸ならば，D 内のすべての x と y に対し，

$$f(y) \geqq f'(x;y)$$

が成立する．

証明 もし x^0 と x が D に属しているならば，$f(x^0+t(x-x^0))$ は $0 \leqq t \leqq 1$ を含む区間上で t の凸関数である．よって，$t>0$ に対し

$$\frac{f(x^0+t(x-x^0))-f(x^0)}{t} \geqq f'(x^0;x-x^0)$$

が成立する．左辺が t について単調減少だからである (命題 16)．t に 1 を代入すると，

$$f(x^0+(x-x^0))-f(x^0) \geqq f'(x^0;x-x^0),$$

をえるが，これは命題 29 の最初の主張である．もし $f(x)$ が正斉次ならば，

$$f(x^0)+f(x-x^0) \geqq f(x^0+(x-x^0))$$

が成立する．この式と最初の主張で $x-x^0$ を y とおいたものから第 2 の主張が導かれる．□

命題 30 もし $f(x)$ が D 上で凸ならば，集合 $[D,f(x)]$ の，固定された点 $(x^0,f(x^0))$ を含む支持超平面は，x の関数 $f(x^0)+f'(x^0;x-x^0)$ に関する対応する集合 $[P_{x^0}(D),f(x^0)+f'(x^0;x-x^0)]$ の支持超平面と同一である．

証明 集合 $[P_{x^0}(D),f(x^0)+f'(x^0;x-x^0)]$ は A^{n+1} 内の頂点が $(x^0,f(x^0))$ である凸錐である．このことは $P_{x^0}(D)$ が凸錐であることと $f'(x^0;y)$ が y に関し正斉次であることより容易に導くことができる．よってこの集合の支持超平面はすべて $(x^0,f(x^0))$ を通る．さらに，命題 29 により

$$[D,f(x)] \subset [P_x(D),f(x^0)+f'(x^0;x-x^0)]$$

が成立し，そして包含関係 $D \subset P_{x^0}(D)$ が成立している．従って，集合 $[P_{x^0}(D),f(x^0)+f'(x^0;x-x^0)]$ のすべての支持超平面は $(x^0,f(x^0))$ を通る $[D,f(x)]$ の支持超平面である．

逆を証明するために，$(x^0, f(x^0))$ を含み z 軸に平行ではない $[D, f(x)]$ の支持超平面を考える．その方程式は A^n のベクトル $u \neq 0$ を用いて

$$z = f(x^0) + (x - x^0)'u$$

と書くことができるので，すべての $x \in D$ に対し，

$$f(x) \geqq f(x^0) + (x - x^0)'u$$

が成立する．よって，$0 < t \leqq 1$ に対し x を $x^0 + t(x - x^0) \in D$ で置き換えることにより，

$$f(x^0 + t(x - x^0)) \geqq f(x^0) + t(x - x^0)'u,$$

$$\frac{f(x^0 + t(x - x^0)) - f(x^0)}{t} \geqq (x - x^0)'u$$

を，そして

$$f(x^0) + f'(x^0; x - x^0) \geqq f(x^0) + (x - x^0)'u$$

をえる．$f'(x^0; y)$ が y に関し正斉次なので，最後の不等式がすべての $x \in P_{x^0}(D)$ に対し成立する．これは，z 軸に平行ではない $(x^0, f(x^0))$ を通る $[D, f(x)]$ の支持超平面は $[P_{x^0}(D), f(x^0) + f'(x^0; x - x^0)]$ の支持超平面でもあることを意味している．

z 軸に平行である $(x^0, f(x^0))$ を通る $[D, f(x)]$ の支持超平面は $(x - x^0)'u = 0$ という形の方程式をもっている．この u について，すべての $x \in D$ に対し，

$$(x - x^0)'u \leqq 0$$

が成立する．すべての $x \in P_{x^0}(D)$ は $x^1 \in D, \lambda \geqq 0$ によって $x = x^0 + \lambda(x^1 - x^0)$ と書けるので，すべての $x \in P_{x^0}(D)$ に対してもこの不等式が成立することは明らかである．これは z 軸に平行な与えられた超平面が $[P_{x^0}(D), f(x^0) + f'(x^0; x - x^0)]$ の支持超平面であることを意味している．□

命題 31 $f(x)$ は D 上で凸とし，x^0 を D の任意の点とする．このとき点 $(x^0, f(x^0))$ を含む $[D, f(x)]$ の支持超平面が存在する．そして，それが z 軸に平行でないための必要十分条件は $f'(x^0; y)$ が $P_{x^0}(D) - x^0$ のすべての点 y に対し有限値であることである．

証明 $f'(x^0; x^1 - x^0)$ が $P_{x^0}(D)$ のある相対的内点 x^1 で有限値をもつと仮定する．ベクトル $(x^1-x^0, f'(x^0; x^1-x^0))$ により決定される方向をもち $(x^0, f(x^0))$ を始点とする A^{n+1} の半直線は凸錐 $C = [P_{x^0}(D), f(x^0) + f'(x^0; x - x^0)]$ の相対的境界半直線である．よって，この錐を含む最小線形多様体 $S(C)$ 内に，この半直線を含むこの錐の支持超平面 H が存在する．もし H が z 軸に平行ならば，超平面 $z = 0$ との共通部分は $P_{x^0}(D)$ の支持線形多様体である．一方，それは $P_{x^0}(D)$ の相対的内点 x^1 を含むことになるが，これは不可能である．よって，H は z 軸に平行ではない C の A^{n+1} 内の支持超平面に拡張することができる．命題 30 より，H は $[D, f(x)]$ も支持する．

逆は以下の不等式

$$f'(x^0; x - x^0) \geqq (x - x^0)'u > -\infty$$

より得られる．この不等式は命題 30 の証明の中で，z 軸に平行ではない $[D, f(x)]$ の任意の支持超平面

$$z = f(x^0) + (x - x^0)'u$$

に対して求めたものである．□

$f(x)$ を n 次元凸集合 D 上で凸とし, x^0 を D の固定された内点とする．y を任意の固定された A^n のベクトルとして, この関数を直線 $x = x^0 + ty$ 上で考える．区間上で $f(x^0 + ty)$ は t の凸関数であり，$t = 0$ における右側微分は $f'(x^0; y)$ であり，$t = 0$ における左側微分は $-f'(x^0; -y)$ である．よって $f(x^0 + ty)$ が $t = 0$ で微分可能であるための必要十分条件は $-f(x^0; -y) = f'(x^0; y)$ が成立することである．これは，すべての実数 λ に対し

$$f'(x^0; \lambda y) = \lambda f'(x^0; y)$$

が成立することに他ならない．従って，$f(x)$ の偏微分が存在するための必要十分条件は，すべての実数 λ に対し，

$$f'(x^0; \lambda u^i) = \lambda f'(x^0; u^i)$$

が成立することである．ここで，u^i, $i = 1, \ldots, n$ は単位ベクトル $(0, \ldots, 0, 1, 0, \ldots, 0)$ を表わしている．この偏微分は値

$$\frac{\partial f}{\partial x_i} = f'(x^0; u^i)$$

をもつ．もしそれらが存在するならば，$f'(x^0, y)$ はすべての座標軸上で線形である．命題 14 により，そのとき $f'(x^0; y)$ は y 空間全体で線形である．よって，

$$f'(x^0; dx) = \sum_{i=1}^{n} \frac{\partial f}{\partial x_i} dx_i$$

は $f(x)$ の全微分である．

命題 32　$f(x)$ を n 次元凸集合 D 上で凸とする．x^0 を D の内点とし，$f'(x^0; y)$ は y の線形関数と仮定する．このとき，$f(x)$ は $x = x^0$ において微分可能である．

証明　この主張は次と同値である：任意の $\varepsilon > 0$ に対し，$\delta > 0$ が存在し，すべての単位ベクトル u と $0 < t \leqq \delta$ に対し，

$$|f(x^0 + tu) - f(x^0) - tf'(x^0; u)| \leqq \varepsilon t$$

が成立する．命題 29 と $f'(x^0; y)$ の定義より，各固定されたベクトル y に対し，$\delta(y)$ が存在し，$0 < t \leqq \delta(y)$ に対し，

$$(*) \quad 0 \leqq f(x^0 + ty) - f(x^0) - tf'(x^0; y) \leqq \varepsilon t$$

が成立する．それらの座標が値 ± 1 をもつベクトル $y^i, i = 1, \ldots, 2^n$ をこれに適用し，$\delta = \min_i \delta(y^i)$ とおく．このとき $(*)$ が各 $y = y^i$ と $0 < t \leqq \delta$ に対し成立する．$f'(x^0; y)$ が y に関し線形なので，この区間内の任意の固定された t に対し，$f(x^0 + ty) - f(x^0) - tf'(x^0; y)$ は y の凸関数である．よって，$(*)$ は点 y^i の凸包に属するすべての y に対し成立する (命題 4 と命題 29)．特に，すべての単位ベクトル u に対し成立する．このことがその主張を証明している．□

命題 33 $f(x)$ は次元 d の相対的開集合 D 上で凸であり，y を D を含む最小線形多様体に平行な固定されたベクトルとする．このとき，$f'(x;y)$ は D 上で x に関し上半連続関数である．d 測度零の部分集合を除いて D 上で y 方向の通常の微分が存在する．その微分が存在するところで，その微分は x の連続関数である．

証明 x の関数 $f'(x;y)$ は D のすべてのコンパクト部分集合上で，減少連続関数列 $(f(x+t_iy)-f(x))/t_i$，$t_i>0$，$t_i\to 0$ の極限である．よって $f'(x;y)$ は上半連続である．$f(x)$ の y 方向の通常の微分が点 x において存在するための条件は $f'(x;y)=-f'(x;-y)$ である．$f'(x;y)$ が y に関し正斉次で凸なので，$f'(x;y)+f'(x;-y)\geqq 0$ が成立する．よって，その微分が存在しない点の集合は $f'(x;y)+f'(x;-y)>0$ が成立する x の集合に等しい．よって，この集合は可測である．その集合と y に平行な直線との共通部分は高々可算個の点しか含んでいない (命題 17)．したがって，この集合は d 測度零である．$f'(x;y)$ はすべての固定された y に対し上半連続なので，$-f'(x;-y)$ は下半連続である．よって，$f'(x;y)+f'(x;-y)=0$ である x の集合上で $f'(x;y)$ は連続である．□

命題 34 もし $f(x)$ が開凸集合 D 上で凸ならば，測度零の集合を除いて D 上のいたるところで微分可能で，そこでは連続な偏微分をもつ．

証明 命題33を y の代わりに各座標軸上の単位ベクトル $u^i=(0,\ldots,0,1,0,\ldots,0)$ に適用する．各 $i=1,\ldots,n$ に対し，そこでは $\partial f/\partial x_i$ が存在しない測度零の集合が存在する．これらの集合の合併集合 U は測度零である．U の外側の D のすべての点 x に対し，すべての偏微分が存在する．すなわち，$f'(x;y)$ は y に関し線形であり，$f(x)$ は微分可能である (命題 32)．偏微分の連続性は命題 33 から直ちに得られる．□

命題 35 もし $f(x)$ が開凸集合 D 上で 2 階微分可能ならば，$f(x)$ が D 上で凸であるための必要十分条件は，2 次形式

$$\sum_{i,j=1}^{n} f_{ij}(x)y_iy_j, \quad f_{ij}=\frac{\partial^2 f}{\partial x_i\partial x_j},$$

が D 内のすべての x に対し非負定値であることである．

証明 $f(x)$ が凸であることとそれが D 内のすべての線分上で凸であることが同値である．このことと命題 18 と命題 19 より，$f(x)$ が凸であることとすべての $x \in D$ とすべての y に対し，

$$\left[\frac{d^2 f(x+ty)}{dt^2}\right]_{t=0} = \sum_{i,j=1}^{n} f_{ij}(x) y_i y_j \geqq 0$$

が成立することは同値である．□

開凸集合 D 上で 2 階微分可能な関数 $f(x)$ が D 上で狭義凸であるための 1 つの十分条件は，$\sum f_{ij}(x) y_i y_j$ が正定値であることである．そしてさらに，その 2 次形式が D のすべての点 x に関し非負定値であり，行列式 $\det f_{ij}(x)$ が D 内の任意の線分上で恒等的に 0 でないことも十分条件である．

3.5 共役凸関数

第 2 章第 8 節において，$A^{n+1}(x_1, \ldots, x_n, z)$ 内の放物面

$$2z = x_1^2 + \cdots + x_n^2$$

に関する双極性について議論した．この双極性を使い閉凸関数の間の対合関係を定義する．

記述を簡単にするため，A^{n+1} 内の線形多様体は，それが z 軸に平行であるか否かによって，垂直であるあるいは垂直でないと言うことにする． A^{n+1} の点 (x, z) に対する極超平面の方程式は $\zeta + z = x'\xi$ である．ここで (ξ, ζ) は空間 $A^{n+1}(\xi_1, \ldots, \xi_n, \zeta)$ 内の変数である．$f(x)$ を C 上の閉凸関数とする．$[C, f]$ 内の点 (x, z) に対し，その点に対する極超平面により限られる閉上半空間 $\zeta \geqq x'\xi - z$ を対応させる．$[C, f]$ 内の (x, z) に対するこれらの半空間すべての共通部分は A^{n+1} 内の閉凸集合 $[C, f]^*$ である．すべての $(x, z) \in [C, f]$ に対し $x'\xi - f(x) \geqq x'\xi - z$ なので，半空間

$$\zeta \geqq x'\xi - f(x), \quad x \in C$$

を考えれば十分である．よって，$[C,f]^*$ は，超平面 $\zeta=0$ 上への $[C,f]^*$ の ζ 方向の射影 Γ の上で定義された関数

$$\zeta=\varphi(\xi)=\sup_{x\in C}(x'\xi-f(x))$$

に対する集合 $[\Gamma,\varphi]$ である．$[C,f]^*$ が凸で閉なので，この関数は凸で閉である．点 ξ が Γ に属するための必要十分条件は関数 $x'\xi-f(x)$ が C 上で上に有界であることである．

集合 $[\Gamma,\varphi]$ は $[C,f]$ から双極的な方法でも得られる．垂直でない超平面は (x,z) を変数とする $z=x'\xi-\zeta$ という形の方程式をもつ．その極は点 (ξ,ζ) である．この超平面が $[C,f]$ の壁であるときに限り，すべての $x\in C$ に対し $f(x)\geqq x'\xi-\zeta$ が成立する．すなわち，$(\xi,\zeta)\in[\Gamma,\varphi]$ である．よって，$[\Gamma,\varphi]$ は $[C,f]$ のすべての垂直ではない壁の極からなる集合である．このような壁は存在するので (命題 28，命題 31)，$[\Gamma,\varphi]$ は空ではない．

もし $g(x)$ が凸集合 D 上で定義された閉凹関数ならば，$[D,g]$ によって $x\in D$ で $z\leqq g(x)$ であるような A^{n+1} の点 (x,z) すべてからなる閉凸集合を表す．$[D,g]$ の点 (x,z) に対し，その点の極超平面で限られている閉下半空間 $\zeta\leqq x'\xi-z$ を対応させる．これらの半空間すべての共通部分が $[\Delta,\psi]$ である．ここで，Δ は $x'\xi-g(x)$ が D 上で下に有界であるようなすべての ξ を集めた集合であり，ψ は Δ 上で

$$\zeta=\psi(\xi)=\inf_{x\in D}(x'\xi-g(x))$$

と定義される閉凹関数である．凸の場合と同様に，$[\Delta,\psi]$ は $[D,g]$ のすべての垂直でない壁の極の集合である．

定義 $f(x)$ は C 上で凸で閉とする．このとき，C 上の x を変数とする関数 $x'\xi-f(x)$ が上に有界であるような点 ξ すべてからなる集合 Γ 上で定義された閉凸関数

$$\varphi(\xi)=\sup_{x\in C}(x'\xi-f(x))$$

を C,f の共役関数という．

$g(x)$ は D 上で凹で閉とする．このとき, D 上の x を変数とする関数 $x'\xi-g(x)$ が下に有界であるような点 ξ すべてからなる集合 Δ 上で定義された閉凹関数

$$\psi(\xi)=\inf_{x\in D}(x'\xi-g(x))$$

を D,g の**共役関数**という．

これまでに述べたことより，以下は共役関数の同値な定義であることが分る．

$$\varphi(\xi)=\sup_{(x,z)\in[C,f]}(x'\xi-z),\quad \psi(\xi)=-\sup_{(x,z)\in[D,g]}(-x'\xi+z)$$

これらは $\varphi(\xi)$ が $(\xi,-1)$ に関する点集合 $[C,f]$ の支持関数であることを，そして，$-\psi(\xi)$ が $(-\xi,1)$ に関する $[D,g]$ の支持関数であることを示している．

上の注意から以下の凸関数及び凹関数の共役の幾何的解釈がただちに導かれる．

命題 36 $f(x)$ は C 上で定義された凸 (または，凹) で閉とし，Γ 上の $\varphi(\xi)$ をその共役とする．このとき，Γ は $[C,f]$ がベクトル $(\xi,-1)$(または，$(-\xi,1)$) 方向に有界であるような ξ すべてからなる集合であり，そして，$-\varphi(\xi)$ は $(\xi,-1)$(または，$(-\xi,1)$) を法線ベクトルとする $[C,f]$ の支持超平面の z 切片である．

すでに述べたように，上で定義した閉凸関数あるいは閉凹関数の間の対応は対合的である．

命題 37 もし Γ 上で定義された $\varphi(\xi)$ が C 上で定義された閉凸 (または，閉凹) 関数 $f(x)$ の共役ならば，C 上で定義された $f(x)$ は Γ 上で定義された $\varphi(\xi)$ の共役である．

証明 C^* 上で定義された $f^*(x)$ を $\varphi(\xi),\Gamma$ の共役とする．先に述べたことより $[C^*,f^*]$ は $[C,f]$ の境界超平面が垂直ではない台すべての共通部分である．よって，主張 $[C^*,f^*]=[C,f]$ が次の補題より導かれる．□

補題 垂直ではない超平面で限られる台をもつ A^{n+1} 内の閉凸集合 M はそのような台すべての共通部分である．

証明 M はその台のすべての共通部分であるので，この補題は垂直な超平面により限られる台を省略してもその共通部分には影響を与えないことを主張している．M に属さない点 (ξ^0, ζ_0) は M のある限界あるいは台の外側にある．垂直ではない超平面で限られたこのような限界あるいは台が存在することを示す必要がある．H を M の壁で (ξ^0, ζ_0) が M から H によって分離されているが，(ξ^0, ζ_0) が H 上にはのっていないものとする．もし H が垂直でないなら，何もすることはない．H は垂直であると仮定し，H' を垂直ではない M の壁とする．超平面 H と H' は A^{n+1} を 4 つの楔形に分割するが，そのうちの 1 つは M を含むが (ξ^0, ζ_0) を含まない．ここで H を H と H' との共通部分のまわりに M を含む楔形より遠ざかるように回転させるが，H が M を含む楔形に隣合う 2 つの楔形の中に停まり，(ξ^0, ζ_0) が依然として M から分離されているように，ほんの少しだけ回転させる．このようにしてえた超平面は求める性質をもつ限界あるいは台を限る．□

命題 38 C 上の $f(x)$ と Γ 上の $\varphi(\xi)$ は共役な閉凸関数とする．このとき，

$$x'\xi \leqq f(x) + \varphi(\xi), \quad x \in C,\ \xi \in \Gamma$$

が成立する．そして，$f'(x; y)$ が定義されるすべての y に対しそれが有限値であるような $x \in C$ に対し，上の不等式で等号を成立させるような $\xi \in \Gamma$ が少なくとも 1 つ存在する．そして，その共役の主張も成立する．凹関数の場合は不等号の向きが逆になる．

証明 この不等号は共役関数の定義より明らかである．等号に関する主張は命題 31 と命題 36 の結果である．□

一般的には 2 つの共役関数の定義域 C と Γ の性質の間の簡単な関係は存在しない．C の点 x に，点 $(x, f(x))$ を通り法線方向が $(\xi, -1)$ である $[C, f]$ の支持超平面が存在するような Γ のすべての点 ξ が対応する．そして，その双対も考えられる．このようにこれら集合間の対応は関数 $f(x)$ の振舞いに強く依存している．しかし，次に示すように C と Γ の間の大変簡単で直接的な関係が存在していて，これは以後重要な役割を果す：

命題 もしそれらの集合のうちの一方が η 方向に有界ならば，他方の集合の漸近錐が η 方向の半直線を含む．

これは以下のようにして証明できる．C が η 方向に有界と仮定する．このとき $[C,f]$ は $(\eta,0)$ 方向に有界であり，$[C,f]$ はある方向 $(\xi,-1)$ に有界である．集合が有界である方向は凸錐をなすので，$[C,f]$ はすべての方向 $(\xi+\rho\eta,-1)$, $\rho \geqq 0$ に対して有界である．よって，Γ は半直線 $\xi+\rho\eta$, $\rho \geqq 0$ を含む．

本節では以降凸関数のみを考察する．対応する凹関数に関する結果は，次のことに留意すれば簡単な変更で得られる．C,f と Γ,φ が共役ならば，$C,-f$ と $-\Gamma,-\varphi$ は共役である．さらに一般的に考えると以下の結果を得る．

命題 39 C 上で定義された $f(x)$ を閉凸関数とし，Γ 上で定義された $\varphi(\xi)$ をその共役関数とする．このとき，任意の実数 $\lambda \neq 0$ に対し，C 上で定義された $\lambda f(x)$ の共役関数は $\lambda\Gamma$ 上で定義された $\lambda\varphi(\xi/\lambda)$ である．

証明　これは次の関係から導かれる．$\lambda > 0$, $\xi \in \lambda\Gamma$ に対し，

$$\sup_{x\in C}(x'\xi - \lambda f(x)) = \lambda \sup_{x\in C}\left(\frac{x'\xi}{\lambda} - f(x)\right)$$

が成立し，$\lambda < 0$, $\xi \in \lambda\Gamma$ に対し，

$$\inf_{x\in C}(x'\xi - \lambda f(x)) = \lambda \sup_{x\in C}\left(\frac{x'\xi}{\lambda} - f(x)\right)$$

が成立する．□

共役関数の定義の他の簡単な結論として以下のものがある．

命題 40 $f(x)$ を C 上の閉凸関数とし，$\varphi(\xi)$ を Γ 上のその共役関数とする．このとき，k を定数として，C 上の関数 $f(x)+k$ の共役関数は Γ 上の $\varphi(\xi)-k$ である．v を定ベクトルとして，$C+v$ 上の関数 $f(x-v)$ の共役関数は Γ 上の $\varphi(\xi)+v'\xi$ である．

証明　第 1 の主張は明らかであり，第 2 の主張は

$$\sup_{x\in C+v}(x'\xi - f(x-v)) = \sup_{x-v\in C}((x-v)'\xi - f(x-v) + v'\xi)$$

から得られる．□

C_1 と C_2 は交わりをもち，C_1 上の $f_1(x)$ と C_2 上の $f_2(x)$ を閉凸関数とする．このとき，$f_1(x)+f_2(x)$ は $C_1 \cap C_2$ 上で定義された凸関数である．そし

てこの関数が閉であることは容易に分る．それを示すために，y を $C_1 \cap C_2$ の相対的境界点とする．もし $y \in C_1 \cap C_2$ ならば，$C_1 \cap C_2$ 内の任意の線分に沿って x が y に近づくとき，$f_1(x) \to f_1(y)$ と $f_2(x) \to f_2(y)$ が成立する (命題 26)．よって，同じ条件の下で $f_1(x) + f_2(x) \to f_1(y) + f_2(y)$ が成立する．これより x が y に任意に近づくとき，$\underline{\lim}_{x \to y}(f_1(x) + f_2(x)) < \infty$ が成立する．そして (再び命題 26 により) この $\underline{\lim}$ は $f_1(y) + f_2(y)$ である．もし y が $C_1 \cap C_2$ に属さないならば，$x \to y$ のとき，$f_1(x) \to \infty$ か $f_2(x) \to \infty$ である．よって，f_1 と f_2 が y のある近傍上で下に有界なので，$f_1(x) + f_2(x) \to \infty$ が成立する．

命題 41 $f_1(x)$ は C_1 上の，$f_2(x)$ は C_2 上の閉凸関数であり，それぞれ共役として，Γ_1 上の $\varphi_1(\xi)$ と Γ_2 上の $\varphi_2(\xi)$ をもつとする．$C_1 \cap C_2$ は非空であると仮定する．$C_1 \cap C_2$ 上の関数 $f_1(x) + f_2(x)$ の共役を Γ 上の $\varphi(\xi)$ とする．このとき，

$$(*) \quad [\Gamma, \varphi] = \overline{[\Gamma_1, \varphi_1] + [\Gamma_2, \varphi_2]}$$

と

$$\Gamma_1 + \Gamma_2 \subset \Gamma \subset \overline{\Gamma_1 + \Gamma_2}$$

が成立し，$\Gamma_1 + \Gamma_2$ の相対的内点 ξ に対し，

$$\varphi(\xi) = \inf_{\substack{\xi^1 \in \Gamma_1,\ \xi^2 \in \Gamma_2 \\ \xi^1 + \xi^2 = \xi}} (\varphi_1(\xi^1) + \varphi_2(\xi^2))$$

が成立する．

証明 第 1 の主張を証明するために，$(*)$ で定義された，集合 Γ 上の関数 φ の共役が $C_1 \cap C_2$ 上の $f_1(x) + f_2(x)$ であることを示す．共役関数の定義に立ち戻ってみると，$f_1(x)$ と $f_2(x)$ は，$(x, -1)$ を変数と見たときの集合 $[\Gamma_1, \varphi_1]$ と $[\Gamma_2, \varphi_2]$ の支持関数である．ここで，集合 $[\Gamma_1, \varphi_1] + [\Gamma_2, \varphi_2]$ は，従って，その閉包は，$[\Gamma_1, \varphi_1]$ と $[\Gamma_2, \varphi_2]$ との両方に対し有界となるすべての方向 $(x, -1)$ について有界である．そして逆も成立する．よって，$(x, -1)$ に対する $\overline{[\Gamma_1, \varphi_1] + [\Gamma_2, \varphi_2]}$ の支持関数は $C_1 \cap C_2$ 上で定義され，$f_1(x) + f_2(x)$ に等しい (本章の第 1 節の終りを見よ)．

命題 41 の第 2 と第 3 の 2 つの主張は，$[\Gamma_1, \varphi_1] + [\Gamma_2, \varphi_2]$ が $\xi = \xi^1 + \xi^2$, $\xi^1 \in \Gamma_1$, $\xi^2 \in \Gamma_2$ であり，$\zeta = \zeta_1 + \zeta_2$，$\zeta_1 \geqq \varphi_1(\xi^1)$，$\zeta_2 \geqq \varphi_2(\xi^2)$ であるすべての点 (ξ, ζ) よりなることから導かれる．□

この結果を第 3.6 節で応用するが，そのためには命題 41 の inf を min で置き換えることを可能にする十分条件を手に入れることが重要である．C_1 と C_2 がそれぞれの相対的内点となっている共通の点を含む場合のように，すなわち，分離定理第 2.6 節命題 28 の意味で C_1 と C_2 が $S(C_1 \cup C_2)$ 内の超平面により分離できない場合のように，$[\Gamma_1, \varphi_1] + [\Gamma_2, \varphi_2]$ が閉ならば，明らかに置き換えができる．しかしながら，これは必要条件ではない．C_1, f_1 と C_2, f_2 を使った必要十分条件はかなり複雑なのでここではその定式化をしない．この問題は重要なので，第 3.6 節でいくぶん違ったより直感的な定式化を与える．

α が任意の集合内を動くとして，$C_\alpha, f_\alpha(x)$ を閉凸関数とする．$C \subset \bigcap_\alpha C_\alpha$ を $\sup_\alpha f_\alpha(x)$ が有限値である点 x の集合とし，$x \in C$ に対し $f(x) = \sup_\alpha f_\alpha(x)$ と定義する．命題 7 によると，C は凸であり $f(x)$ は C 上の凸関数である．このことは，次の関係

$$[C, f] = \bigcap_\alpha [C_\alpha, f_\alpha]$$

からも導かれる．そして，さらにこれは $f(x)$ が C 上で閉であることも示している．

命題 42 $C_\alpha, f_\alpha(x)$ を閉凸関数とし，$\Gamma_\alpha, \varphi_\alpha(\xi)$ をそれらの共役とする．その上で $\sup_\alpha f_\alpha(x) < \infty$ であるような集合 C は非空であると仮定し，$x \in C$ に対し $f(x) = \sup_\alpha f_\alpha(x)$ とおく．$\Gamma, \varphi(\xi)$ で $C, f(x)$ の共役を表す．このとき，

$$[\Gamma, \varphi] = \overline{\left\{\bigcup_\alpha [\Gamma_\alpha, \varphi_\alpha]\right\}}$$

$$\left\{\bigcup_\alpha \Gamma_\alpha\right\} \subset \Gamma \subset \overline{\left\{\bigcup_\alpha \Gamma_\alpha\right\}}$$

が成立し，$\left\{\bigcup_\alpha \Gamma_\alpha\right\}$ の相対的内点 ξ に対し，

$$\varphi(\xi) = \inf \sum_{i=0}^{n} \lambda_i \varphi_{\alpha_i}(\xi^{\alpha_i})$$

が成立する．ここで，

$$\xi^{\alpha_i} \in \Gamma_{\alpha_i},\ \lambda_i \geqq 0,\ \sum_{i=0}^{n} \lambda_i = 1,\ \sum_{i=0}^{n} \lambda_i \xi^{\alpha_i} = \xi$$

とする．すなわち，与えられた ξ に対し，Γ_α のうちの任意の $n+1$ 個の集合のそれぞれから取り出した $n+1$ 個の点の重心として ξ を表現するものすべてにわたっての inf を考える．

証明 まず，$[C,f] = \bigcap_\alpha [C_\alpha, f_\alpha]$ が成立することに注意する．このとき，$[C,f]$ の点の極超平面は，一方で $[\Gamma,\varphi]$ の垂直でない壁であり，他方で集合 $[\Gamma_\alpha,\varphi_\alpha]$ に共通の垂直でない壁である．よって，集合 $[\Gamma,\varphi]$ と $\bigcup_\alpha [\Gamma_\alpha,\varphi_\alpha]$ は垂直でない超平面により限られている同じ台をもつ．上述の補題より，$[\Gamma,\varphi]$ は $\bigcup_\alpha [\Gamma_\alpha,\varphi_\alpha]$ の凸包の閉包であることが分る．第2章第2節命題6により，$\left\{\bigcup_\alpha [\Gamma_\alpha,\varphi_\alpha]\right\}$ のすべての点 (ξ,ζ_0) は高々 $n+2$ 個の点 $(\xi^{\alpha_i},\zeta_{\alpha_i})$，$\xi^{\alpha_i} \in \Gamma_{\alpha_i}$，$\zeta_{\alpha_i} \geqq \varphi_{\alpha_i}(\xi^{\alpha_i})$，$i = 0,1,\ldots,n+1$ の重心である．よって，$\lambda_i \geqq 0$, $\sum_{i=0}^{n+1} \lambda_i = 1$ が存在し，

$$\xi = \sum_{i=0}^{n+1} \lambda_i \xi^{\alpha_i}, \quad \zeta_0 \geqq \sum_{i=0}^{n+1} \lambda_i \varphi_{\alpha_i}(\xi^{\alpha_i})$$

が成立する．これは $\left\{\bigcup_\alpha \Gamma_\alpha\right\} \subset \Gamma \subset \overline{\left\{\bigcup_\alpha \Gamma_\alpha\right\}}$ であり，$\varphi(\xi)$ が命題 42 にある形の inf であることを示している．この段階では ξ はまだ $n+2$ 個の点の重心である．$n+1$ 個の点で十分であることが以下のようにして確認できる．$n+2$ 個の点 $(\xi^{\alpha_i},\zeta_{\alpha_i})$ は A^{n+1} 内の (退化しているかもしれない) 単体の頂点である．点 (ξ,ζ_0) を通る垂直な直線とこの単体の共通部分はこの点を含む線分である．ζ が最小であるこの線分の点 $(\xi,\zeta_{\min})$ はこの単体のある面にのっている．よって，点 $(\xi^{\alpha_i},\zeta_{\alpha_i})$ のうちの高々 $n+1$ 個の点の重心である．$\zeta_{\min} \leqq \zeta_0$ なので，$\varphi(\xi)$ を表現する式において，ξ の当初の表現は $n+1$ 個の点の重心としての新たな表現に置き換えることができる．これで命題 42 の証明が完了する．□

命題 43 命題 42 の記号を踏襲して，集合 C は有界で，C 上で $f(x) \geqq a$ が成立すると仮定する．ここで a は定数である．このとき，もし $\varepsilon > 0$ ならば，関数 $f_\alpha(x)$ から適当な $n+1$ 個の関数 $f_{\alpha_i}(x)$, $i = 0,1,\ldots,n$ と $\sum_{i=0}^{n} \lambda_i = 1$

を満たす適当な実数 $\lambda_i \geqq 0$ を選び

$$\sum_{i=0}^{n} \lambda_i f_{\alpha_i}(x) > a - \varepsilon, \quad x \in \bigcap_i C_{\alpha_i}$$

が成立するようにできる．

証明　$[C, f]$ が閉で，C が有界で，f が下に有界なので，$f(x)$ は最小値 z_0 をもつ．このとき，$z = z_0$ は $[C, f]$ の支持超平面であるので，$\varphi(0) = -z_0$ が成立する．C が有界という仮定から，Γ が ξ 空間全体であり，よって $\Gamma = \{\bigcup_\alpha \Gamma_\alpha\}$ が成立する．特に，命題 42 における $\varphi(\xi)$ に対する式を $\xi = 0$ に適用することができ，

$$\varphi(0) = \inf \sum_{i=0}^{n} \lambda_i \varphi_{\alpha_i}(\xi^{\alpha_i}) = -z_0$$

をえる．ここで，$\xi^{\alpha_i} \in \Gamma_{\alpha_i}$，$\lambda_i \geqq 0$，$\sum_{i=0}^{n} \lambda_i = 1$，$\sum_{i=0}^{n} \lambda_i \xi^{\alpha_i} = 0$ である．よって，$n+1$ 個の点 $\xi^{\alpha_i} \in \Gamma_{\alpha_i}$ と $\lambda_i \geqq 0$, $\sum_{i=0}^{n} \lambda_i = 1$ が存在して，

$$\sum_{i=0}^{n} \lambda_i \xi^{\alpha_i} = 0, \quad \sum_{i=0}^{n} \lambda_i \varphi_{\alpha_i}(\xi^{\alpha_i}) < -z_0 + \varepsilon$$

となっている．対応する関数 $f_{\alpha_i}(x)$，$x \in \bigcap_i C_{\alpha_i}$ に対し，命題 38 より

$$\sum_{i=0}^{n} \lambda_i f_{\alpha_i}(x) \geqq x' \sum_{i=0}^{n} \lambda_i \xi^{\alpha_i} - \sum_{i=0}^{n} \lambda_i \varphi_{\alpha_i}(\xi^{\alpha_i}) > z_0 - \varepsilon \geqq a - \varepsilon$$

をえるが，これが求める結果である．□

閉凸関数 $C_\alpha, f_\alpha(x)$ が与えられたとき，どのような条件の下で $f(x) = \sup_\alpha f_\alpha(x)$ が存在するか，すなわち，それが有限値となる x が存在するかという問題が生じる．これは集合 $[C_\alpha, f_\alpha]$ が共通点をもつこと，そしてまた，$[\Gamma_\alpha, \varphi_\alpha]$ が共通の垂直でない壁をもつことと同値である．$\{\bigcup_\alpha [\Gamma_\alpha, \varphi_\alpha]\}$ が A^{n+1} 全体と一致せず，一方 $\{\bigcup_\alpha \Gamma_\alpha\}$ が A^n 全体と一致する，すなわち，$\{\bigcup_\alpha \Gamma_\alpha\}$ が壁をもたないならば，このような共通の垂直ではない壁が存在する．もし集合 C_α の漸近錐 $A_O(C_\alpha)$ が共通の半直線をもたないならば，この条件の後半は満たされる (命題 38 の後の注意参照)．$\{\bigcup_\alpha [\Gamma_\alpha, \varphi_\alpha]\}$ がすべての空間と一致しないことを保証するためには，$[C_\alpha, f_\alpha]$ の任意の $n+1$ 個がその下に共通点をもつような固定された超平面 $z = x'\xi^0 - \zeta_0$ が存在することを仮定すれば

十分である．そのとき，点 (ξ^0, ζ_0) は $\left\{\bigcup_\alpha [\Gamma_\alpha, \varphi_\alpha]\right\}$ に属しえない．もし属したとすると，その点はある $n+1$ 個の $[\Gamma_{\alpha_i}, \varphi_{\alpha_i}]$, $i = 0, 1, \ldots, n$ からそれぞれ取り出した $n+1$ 個の点 $(\xi^{\alpha_i}, \zeta_{\alpha_i})$ の重心となっている．別の表現をとるならば，

$$\xi^0 = \sum_{i=0}^{n} \lambda_i \xi^{\alpha_i}, \quad \zeta_0 = \sum_{i=0}^{n} \lambda_i \zeta_{\alpha_i} \geqq \sum_{i=0}^{n} \lambda_i \varphi_{\alpha_i}(\xi^{\alpha_i})$$

を満たすような数 $\lambda_i \geqq 0$, $\sum_{i=0}^{n} \lambda_i = 1$ が存在する．命題 42 を $n+1$ 個の関数 $C_{\alpha_i}, f_{\alpha_i}$ に適用することにより，$z = x'\xi^0 - \zeta_0$ が $\bigcap_i [C_{\alpha_i}, f_{\alpha_i}]$ の壁となり，これは仮定に矛盾する．これで次の命題が証明された．

命題 44 C_α 上の f_α は閉凸関数とする．集合 C_α の漸近錐は共通の半直線をもたず，固定された垂直ではない超平面が存在して，その下には集合 $[C_\alpha, f_\alpha]$ のうちの任意の $n+1$ 個の集合の共通点が存在すると仮定する．このとき，集合 $[C_\alpha, f_\alpha]$ は共通点をもつ．よって，少なくとも 1 点 x において，$\sup_\alpha f_\alpha(x)$ は有限値である．

すべての f_α が恒等的に 0 である (よって，集合 C_α は閉である) という特別な場合には，求める性質をもつ超平面の存在は明らかであり (任意の超平面 $z = z_0 > 0$ を考えればよい．)，命題 44 は Helly の定理となる．

命題 45 C_α を A^n 内の閉集合とする．集合 C_α の漸近錐は共通の半直線をもたず，これらの集合のうち任意の $n+1$ 個は共通点をもつと仮定する．このとき，すべての集合の共通点が存在する．

明らかに C_α の漸近錐が共通の半直線をもたないという仮定は以下の通常なされる仮定に置き換えることができる：C_α の中から非空有界な共通部分をもつ集合族を選ぶことができる．

最後に共役凸関数の特別な場合と応用を述べる．

$f(x)$ は閉凸集合 C 上で恒等的に 0 であるとする．その共役関数

$$\varphi(\xi) = \sup_{x \in C} x'\xi = h_C(\xi)$$

は C の支持関数であり，Γ は C が有界である方向 ξ からなる錐である．このことよりすべての支持関数は閉であることが導かれる．逆に，凸錐 Γ 上で

$\varphi(\xi)$ が正斉次，凸，閉であるとする．このとき $[\Gamma, \varphi]$ は原点を頂点とする錐であり，よって $[\Gamma, \varphi]$ の垂直ではない支持超平面はすべて原点を通る．これは，$\varphi(\xi)$ の共役 $f(x)$ がある凸集合 C 上で恒等的に 0 であることを意味する．($f(x)$ が C 上で閉なので，C は閉である．) よって，次の命題が成立する．

命題 46 凸錐 Γ 上で定義された関数 $\varphi(\xi)$ がある点集合の支持関数であるための必要十分条件は，それが Γ 上で正斉次，凸，閉であることである．

命題 42 において，$f_\alpha(x) = 0$ という特別な場合には，$\varphi(\xi)$ は共通集合 $C = \bigcap_\alpha C_\alpha$ の支持関数である．そして，それは集合 C_α の支持関数 $\varphi_\alpha(\xi)$ により表されている．関数 φ_α の斉次性により，この式は

$$h_C(\xi) = \inf \sum_{i=0}^{n} h_{C_{\alpha_i}}(\xi^{\alpha_i})$$

と書くことができる．ここで，$\xi^{\alpha_i} \in \Gamma_{\alpha_i}$, $\sum_{i=0}^{n} \xi^{\alpha_i} = \xi$ である．すなわち，集合 Γ_α の任意の $n+1$ 個から取り出した $n+1$ 個の点の和として表される ξ の表現すべてにわたる inf を考えている．

凸集合 C 上で閉である任意の凸関数 $f(x)$ を再び考える．その共役を $\Gamma, \varphi(\xi)$ とする．法線方向が $(\xi^0, -1)$，$\xi^0 \in \Gamma$ である $[C, f]$ の支持超平面 $z = x'\xi^0 - \varphi(\xi^0)$ と $[C, f]$ の共通集合は (空かもしれない) 閉凸集合である．$C(\xi^0)$ でこの集合の超平面 $z = 0$ への射影を表す．よって，x が $C(\xi^0)$ に属すための必要十分条件は $(x, f(x))$ が超平面 $z = x'\xi^0 - \varphi(\xi^0)$ に属すことである．すなわち，

$$f(x) = x'\xi^0 - \varphi(\xi^0)$$

が成立することである．双対的に解釈すると，x が $C(\xi^0)$ に属すための必要十分条件は，法線方向が $(x, -1)$ で $(\xi^0, \varphi(\xi^0))$ を通る $[\Gamma, \varphi]$ の支持超平面が存在することである．特に，$C(\xi^0)$ が空であるための必要十分条件は $(\xi^0, \varphi(\xi^0))$ を通る $[\Gamma, \varphi]$ の垂直ではない支持超平面が存在しないことである．これは ξ^0 が Γ の相対的境界点であり，そこの方向微分 $\varphi'(\xi^0; \eta)$ が無限値である場合に限られる．双対的に，与えられた $x^0 \in C$ に対し，同様の性質をもつ Γ の部分集合が対応する．この集合を $\Gamma(x^0)$ と表そう．明らかに，$x^0 \in C(\xi^0)$ は $\xi^0 \in \Gamma(x^0)$ を含意するし逆も成立する．

方向微分 $f'(x^0;y)$ は y の関数として凸であるが，その定義域 $P_{x^0}(x)-x^0$ 上で必ずしも閉ではない．しかし，もし閉でなければ，命題 25 に関連して記したように，本質的な変更なしに閉とすることができる．このとき，その共役関数について知見を述べることができる．実際，$f'(x^0;y)$ が正斉次なのでその共役は恒等的に 0 である．その定義域をみつけるために，まず凸関数 $f(x^0)+f'(x^0;x-x^0)$，$x\in P_{x^0}(C)$ を考える．そして，もし必要ならばその閉包を考える．命題 30 より，この関数の共役は線形関数

$$\varphi(\xi)=x^{0'}\xi-f(x^0),\quad \xi\in\Gamma(x^0)$$

である．命題 40 を適用すると，$f'(x^0;y)$(あるいは，その閉包) の共役の定義域は $\Gamma(x^0)$ である．

$f'(x^0;y)$ が有限値である $x^0\in C$ を考える．$l(f',x^0)$ で錐 $M=[P_{x^0}(C)-x^0,f'(x^0;y)]$ の線形要素次元，すなわち，x^0 において $f(x)$ が微分可能であるような線形独立な方向の最大個数とする．このとき，

$$l(f',x^0)+d(\Gamma(x^0))=n$$

が成立する．ここで，$d(\Gamma(x^0))$ は $\Gamma(x^0)$ の次元である．これを証明するために，もし錐 M が点 $(0,1)$ を含まないならば，その法線錐 M^* が $\Gamma(x^0)$ 内で超平面 $z=0$ と交わることを見ればよい．よって，$d(M^*)=1+d(\Gamma(x^0))$ が成立する．そして，第 1 章 4 節定理 5 の系により $l(M)+d(M^*)=n+1$ が成立する．

C が開で C 上で $f(x)$ が微分可能と仮定する．このとき，すべての $x^0\in C$ に対し，$\Gamma(x^0)$ は 1 点 ξ^0 のみよりなり，その座標は x^0 における f の偏微分である．よって，

$$(*)\quad \xi_i=\frac{\partial f}{\partial x_i},\quad i=1,2,\ldots,n$$

で定義される C から Γ への 1 価関数 $x\to\xi$ が存在する．もし，さらに，$\varphi(\xi)$ が $f(x)$ と同じ条件を満足するならば，すなわち，もし $f(x)$ が狭義凸ならば，その写像は 1 対 1 であり，共役関係の対合性により，その逆写像は $x_i=\partial\varphi/\partial\xi_i$ によって与えられる．

このことより，微分可能な凸関数の共役は以下のような計算過程で求めることができる．$f(x)$ は開凸集合 C 上で狭義凸，閉で微分可能とする．この

とき，共役関数 φ の定義域 Γ は C の写像 $(*)$ の像として決定される．$(*)$ を解くことにより，x_i は ξ_i の関数として求められ，それを

$$\varphi(\xi) = x'\xi - f(x)$$

に代入することにより，φ を ξ で表すことができる．

3.6　一般化された計画問題

C 上の $f(x)$ は閉凸関数とし D 上の $g(x)$ は閉凹関数とする．次の最適化問題を考える：

問題 I：$C \cap D$ 上の関数 $g(x) - f(x)$ が x^0 で最大値に達する $C \cap D$ 内の点 x^0 を求めること．

もし $C \cap D$ 上で $g(x) - f(x) \geqq 0$ であれば，幾何的に述べると，これは A^{n+1} 内の凸集合 $[C, f] \cap [D, g]$ の最長の垂直線をみつける問題である．もし C 上で $f(x) = 0$ ならば，問題 I は条件 $x \in C \cap D$ の下で $g(x)$ を最大化するという計画問題になる．

$C, f(x)$ と $D, g(x)$ の共役をそれぞれ Γ 上の $\varphi(\xi)$ と Δ 上の $\psi(\xi)$ と表し，同様の問題を考える：

問題 II：$\Gamma \cap \Delta$ 上の関数 $\varphi(\xi) - \psi(\xi)$ が最小値に達する $\Gamma \cap \Delta$ 内の点 ξ^0 を求めること．

もし $\varphi(\xi) - \psi(\xi) \geqq 0$ が $\Gamma \cap \Delta$ 上で成立しているならば，これは幾何的には，A^{n+1} 内の集合 $[\Gamma, \varphi]$ と $[\Delta, \psi]$ を結ぶ最短の垂直な線分をみつける問題である．

これら 2 つの問題は次の命題で結びついている．

命題 47　C 上の関数 $f(x)$ は凸で閉とする．Γ 上の $\varphi(\xi)$ をその共役とする．さらに，D 上の $g(x)$ は凹で閉であり，Δ 上の $\psi(\xi)$ をその共役とする．もし集合 $C \cap D$ と $\Gamma \cap \Delta$ が非空であり，Γ と Δ の双方の相対的内点となってい

る点が存在するならば，$g(x)-f(x)$ は上に有界であり，$\varphi(\xi)-\psi(\xi)$ は下に有界であり，

$$\sup_{x\in C\cap D}(g(x)-f(x))=\inf_{\xi\in\Gamma\cap\Delta}(\varphi(\xi)-\psi(\xi))$$

が成立する．

証明 この命題の 2 つの証明を与える．最初のものは命題 41 に基づいたもので (f_1 と f_2 の代わりに) 関数 f と $-g$ にこの命題を適用したものである．$\chi(\xi)$ を $C\cap D$ 上の $f(x)+(-g(x))$ の共役とする．命題 41 と命題 39 より $\chi(\xi)$ は $\Gamma+(-\Delta)$ を含む集合上で定義されている．Γ と Δ は共通の点をもつので，$\Gamma-\Delta$ は原点を含む．よって $\chi(0)$ は定義され，さらに原点は $\Gamma-\Delta$ の相対的内点なので，再び命題 41 と命題 39 より，

$$\begin{aligned}\chi(0)&=\inf_{\xi_1\in\Gamma,\xi_2\in-\Delta,\xi_1+\xi_2=0}(\varphi(\xi^1)-\psi(-\xi^2))\\&=\inf_{\xi\in\Gamma\cap\Delta}(\varphi(\xi)-\psi(\xi))\end{aligned}$$

が成立する．一方，$f(x)-g(x)$ の共役の定義そのものより，$\xi=0$ として，

$$\chi(0)=\sup_{x\in C\cap D}(g(x)-f(x))$$

が成立する．これで証明が完了する．

第 2 の証明は，より幾何学的で初等的であるが，命題 36 における凸関数の共役の解釈に基づいている．これは命題 47 の完全な証明を与えるわけではないが，その一方で問題としている最適値の存在性の直観的議論を与える．

もし $\xi\in\Gamma\cap\Delta$ ならば，それぞれ $[C,f]$ と $[D,g]$ の台 $z\geqq x'\xi-\varphi(\xi)$ と $z\leqq x'\xi-\psi(\xi)$ が存在する．$-\varphi(\xi)$ と $-\psi(\xi)$ はその超平面の z 切片なので，$\varphi(\xi)-\psi(\xi)$ は適当にその正負の符号を解釈すれば，これらの超平面で限られた帯の垂直方向の幅の大きさである．$\xi\in\Gamma\cap\Delta$ に対し，

$$\begin{aligned}f(x)&\geqq x'\xi-\varphi(\xi),\quad x\in C\\g(x)&\leqq x'\xi-\psi(\xi),\quad x\in D\end{aligned}$$

が成立するので，

$$g(x) - f(x) \leqq \varphi(\xi) - \psi(\xi), \quad x \in C \cap D$$

が成立する．(もし $g(x) - f(x) \geqq 0$ ならば，これは $[C, f] \cap [D, g]$ が単にその帯に含まれることを意味する．) よって，左辺は上に有界であり，右辺は下に有界である．よって

$$(1) \qquad \sup_{x \in C \cap D} (g(x) - f(x)) \leqq \inf_{\xi \in \Gamma \cap \Delta} (\varphi(\xi) - \psi(\xi))$$

が成立する．不等式 (1) の左辺の値を μ で表す．このとき，

$$g(x) \leqq f(x) + \mu, \quad x \in C \cap D$$

が成立する．よって，集合 $[D, g]$ と $[C, f + \mu]$ の共通部分に属する点 (x, z) のみが，もし存在するならば，$z = g(x) = f(x) + \mu$ をみたす．これらの点は明らかにこれら 2 つの集合の相対的境界点である．したがって，第 2.6 節の分離定理 (命題 28) が適用でき，この 2 つの集合を含む最小線形多様体 S の中にその定理の意味で $[D, g]$ と $[C, f + \mu]$ を分離する超平面 h が存在する．h の点を通る S の法線は A^{n+1} の超平面 H を形成し，次の性質をもつ：H はどちらの集合も含まず，$[D, g]$ は H により限られる閉半空間のひとつに含まれ，$[C, f + \mu]$ は H により限られるもうひとつの閉半空間に含まれる．

最初に S の中に垂直ではない分離超平面 h が存在すると仮定する．このとき H も垂直ではなく，その方程式は $z = x'\xi^0 - \zeta_0$ の形式をとる．2 つの集合の間の距離は 0 なので，H は $[D, g]$ と $[C, f + \mu]$ 両方の支持超平面である．よって命題 36 と命題 40 により，

$$\zeta_0 = \psi(\xi^0) = \varphi(\xi^0) - \mu$$

が成立する．(1) を一緒に考えるとこれより，$\min(\varphi(\xi) - \psi(\xi))$ が存在し，

$$(2) \qquad \sup_{x \in C \cap D} (g(x) - f(x)) = \min_{\xi \in \Gamma \cap \Delta} (\varphi(\xi) - \psi(\xi))$$

が成立することが分る．

次に S の中に $[D,g]$ と $[C,f+\mu]$ を分離する垂直ではない分離超平面が存在しないと仮定する．h を垂直な分離超平面とし h_0 でそれと $z=0$ との共通部分を表す．z 軸に平行に射影することにより，$[D,g]$ と $[C,f+\mu]$ と h はそれぞれ D と C と h_0 に射影され，h_0 は C と D を分離する．C と D が両方の相対的内点となっている点が存在しないときに限りこの場合が生じることをこれは示している．よって，もし $C \cap D$ が両方の相対的内点となっている点を含むならば，最小化問題は解をもち，(2) が成立すると結論することができる．□

双対性を考えると上の結果から次の定理をえる．

命題 48 命題 47 の記号を踏襲して，C と D は両方の相対的内点となる点を共有しており，Γ と Δ も同様の条件をみたしていると仮定する．このとき $g(x)-f(x)$ は $C \cap D$ 上で最大値をもち，$\varphi(\xi)-\psi(\xi)$ は $\Gamma \cap \Delta$ 上で最小値をもち，

$$\max_{x \in C \cap D}(g(x)-f(x)) = \min_{\xi \in \Gamma \cap \Delta}(\varphi(\xi)-\psi(\xi))$$

が成立する．

証明は述べないが，もし方向微分 $f'(x;y)$ と $g'(x;y)$ が $x \in C \cap D$ とそれらが定義されるすべての y に対し一様に有界であるならば，C と D が相対的内点となる共通の点をもたなくても，$[D,g]$ と $[C,f+\mu]$ を分離する垂直でない超平面が存在する．よって，もしこの条件と φ と ψ に対する対応する条件がみたされるならば，命題 48 の結論が成立する．

その定義域が閉で有限個の部分集合に分割され，それぞれの部分集合上では線形である連続関数を**区分的線形関数**と呼ぶことにする．もしこのような関数が上に (下に) 有界ならば，その上限 (下限) に漸近的に近づくことができないため，それは最大値 (最小値) をもつことに注意する．従って，もし関数 f, g が，そしてそのため φ, ψ が区分的線形であり，そして命題 47 の仮定で Γ と Δ の相対的内点に関する記述を除いたものが仮定されるならば，命題 48 の結論が成立する．

共役関数の定義より明らかに命題 47 は以下の 2 つの主張のそれぞれと同値である．

命題 49　命題 47 の仮定の下で，

$$\inf_{\xi\in\Gamma\cap\Delta}\sup_{x\in C}(x'\xi - f(x) - \psi(\xi)) = \sup_{x\in C\cap D}\inf_{\xi\in\Delta}(x'\xi - f(x) - \psi(\xi))$$

と

$$\sup_{x\in C\cap D}\inf_{\xi\in\Gamma}(\varphi(\xi) + g(x) - x'\xi) = \inf_{\xi\in\Gamma\cap\Delta}\sup_{x\in D}(\varphi(\xi) + g(x) - x'\xi)$$

が成立する．

命題 48 の仮定がみたされている場合，あるいは関係する関数が区分的線形の場合のようにもし問題 I と問題 II が解をもつなら，すぐ上の式の外側の inf と sup は min と max にそれぞれ置き換えることができる．

問題 I と問題 II の組は次の 2 つの鞍点値問題それぞれに同値である：

問題 III：$f(x)$ は C 上で凸で閉とし，$\psi(\xi)$ は Δ 上で凹で閉とする．

$$F(x,\xi) = x'\xi - f(x) - \psi(\xi)$$

とおく．すべての $x\in C$ とすべての $\xi\in\Delta$ に対し，

$$F(x,\xi^0) \leqq F(x^0,\xi^0) \leqq F(x^0,\xi)$$

をみたす $x^0\in C$ と $\xi^0\in\Delta$ を求めること．

問題 III′：$g(x)$ は D 上で凹で閉とし，$\varphi(\xi)$ は Γ 上で凸で閉とする．

$$\Phi(\xi,x) = \varphi(\xi) + g(x) - x'\xi$$

とおく．すべての $\xi\in\Gamma$ とすべての $x\in D$ に対し，

$$\Phi(\xi,x^0) \geqq \Phi(\xi^0,x^0) \geqq \Phi(\xi^0,x)$$

をみたす $x^0\in D$ と $\xi^0\in\Gamma$ を求めること．

問題 III を考える．C,f と Δ,ψ の共役をそれぞれ Γ,φ と D,g と表す．共役関数の定義より，$x\in C,\ \xi\in\Gamma\cap\Delta$ に対し，

$$(3)\qquad F(x,\xi) \leqq \varphi(\xi) - \psi(\xi)$$

が成立し，$x \in C \cap D, \xi \in \Delta$ に対し，

$$(4) \qquad F(x,\xi) \geqq g(x) - f(x)$$

が成立する．

問題 I が解 $x^0 \in C \cap D$ をもち，問題 II が解 $\xi^0 \in \Gamma \cap \Delta$ をもつと仮定する．

$$g(x^0) - f(x^0) = \varphi(\xi^0) - \psi(\xi^0) = \mu$$

とおく．このとき (3) と (4) より，

$$F(x,\xi^0) \leqq \mu, \quad x \in C$$
$$F(x^0,\xi) \geqq \mu, \quad \xi \in \Delta$$

が成立する．よって，$F(x^0,\xi^0) = \mu$ と，$x \in C$, $\xi \in \Delta$ に対し，

$$F(x,\xi^0) \leqq F(x^0,\xi^0) \leqq F(x^0,\xi)$$

が成立する．

問題 III が解 $x^0 \in C$, $\xi^0 \in \Delta$ をもつと仮定する．$x \in C$ に対し $F(x,\xi^0) \leqq F(x^0,\xi^0)$ が成立するので，$x'\xi^0 - f(x)$ は x^0 で最大値に達する．このことより $\xi^0 \in \Gamma$ であり，その最大値は $\varphi(\xi^0)$ である．よって，

$$F(x^0,\xi^0) = \varphi(\xi^0) - \psi(\xi^0)$$

が成立する．同様にして，$\xi \in \Delta$ に対し $F(x^0,\xi) \geqq F(x^0,\xi^0)$ が成立するので，$x^0 \in D$ であり

$$F(x^0,\xi^0) = g(x^0) - f(x^0)$$

が成立する．(3) と (4) より $x \in C \cap D, \xi \in \Gamma \cap \Delta$ に対し，

$$g(x) - f(x) \leqq g(x^0) - f(x^0) = \varphi(\xi^0) - \psi(\xi^0) \leqq \varphi(\xi) - \psi(\xi)$$

が成立するが，これは x^0 と ξ^0 がそれぞれ問題 I と問題 II の解であることを示している．

f と φ との，そして ψ と g との役割を交換することにより問題 III$'$ も問題 I と問題 II の組と同値であることを直ちに見ることができる．

零和二人ゲームの理論の主定理は命題 49 の特別な場合である．

A を $m \times n$ 行列とする．C を $x \geqq 0$ で $\sum_{j=1}^{n} x_j = 1$ であるすべての点 x の集合とし，C 上で $f(x) = 0$ と定義する．Δ を $\xi = A'u$, $u \geqq 0$, $\sum_{i=1}^{m} u_i = 1$ を満たすすべての点 ξ の集合とし，Δ 上で $\psi(\xi) = 0$ と定義する．このとき，$x \geqq 0$, $\sum_{j=1}^{n} x_j = 1$, $u \geqq 0$, $\sum_{i=1}^{m} u_i = 1$ に対し

$$x'\xi - f(x) - \psi(\xi) = u'Ax$$

が成立し，C と Δ が有界なので Γ と D はそれぞれ n 空間全体と m 空間全体である．よって，命題 49 より

$$\min_{\xi \in \Delta} \max_{x \in C} u'Ax = \max_{x \in C} \min_{\xi \in \Delta} u'Ax$$

が成立する．この場合は最適値の存在は明らかである．

A を $m \times n$ 行列，b を m 次元ベクトル，c を n 次元ベクトルとする．相互双対の基本線形計画問題は以下のようである：

(1) 条件 $x \geqq 0$, $Ax \leqq b$ の下で $c'x$ の最大値を求めること．

(2) 条件 $u \geqq 0$, $A'u \geqq c$ の下で，$b'u$ の最小値を求めること．

もし $Ax \leqq b$ となる $x \geqq 0$ が存在し，$A'u \geqq c$ となる $u \geqq 0$ が存在するならば，双方の問題は解をもち $\max c'x = \min b'u$ が成立する．

これが前述の結果の特別な場合であることを示すために，最初は $m = n$ で A が正則であると仮定する．$Ax \leqq b$ を満たすすべての x の集合を C とし，C 上で $f(x) = 0$ と定義する．正象限 $x \geqq 0$ を D とし，D 上で $g(x) = c'x$ と定義する．このとき，問題 I は線形計画問題 (1) となる．共役関数 $\Gamma, \varphi(\xi)$ と $\Delta, \psi(\xi)$ を決定するため $u = A'^{-1}\xi$ によりパラメタベクトル u を導入する．このとき，

$$\varphi(\xi) = \sup_{Ax \leqq b} \xi' x = \sup_{Ax \leqq b} u'Ax$$

が成立する．x が C 内を動くとき Ax は b 以下の値をすべてとるので，$u'Ax$ が上に有界であるための必要十分条件は $u \geqq 0$ である．よって，Γ はすべての $\xi = A'u$, $u \geqq 0$ の集合であり，$\varphi(\xi) = u'b$ が成立する．さらに，

$$\psi(\xi) = \inf_{x \geqq 0} (\xi - c)'x$$

が成立する．この右辺が有限値である (このときその値は 0 である) ための必要十分条件は $\xi \geqq c$ である．よって，Δ はすべての $\xi = A'u \geqq c$ からなる集合であり，Δ 上で $\psi(\xi) = 0$ が成立する．これで問題 II が線形計画問題 (2) となることが示された．

A が任意の長方形の行列である場合は以下のようにして今考察した場合に帰着できる．E_i で $i \times i$ 単位行列を表す．A の代わりに，正則 $(m+n) \times (m+n)$ 行列 $\begin{pmatrix} A & E_m \\ -E_n & 0 \end{pmatrix}$ を考える．ベクトル b, c, x, ξ, u に対応して，$(m+n)$ 次元ベクトル $\begin{pmatrix} b \\ 0 \end{pmatrix}$，$\begin{pmatrix} c \\ 0 \end{pmatrix}$，$\begin{pmatrix} x \\ y \end{pmatrix}$，$\begin{pmatrix} \xi \\ \eta \end{pmatrix}$，$\begin{pmatrix} u \\ v \end{pmatrix}$ を考える．このとき，2 つの線形計画問題は次の形態をとる：

(1) 以下の条件

$$\begin{pmatrix} A & E_m \\ -E_n & 0 \end{pmatrix} \begin{pmatrix} x \\ y \end{pmatrix} \leqq \begin{pmatrix} b \\ 0 \end{pmatrix}, \quad \begin{pmatrix} x \\ y \end{pmatrix} \geqq 0,$$

これは $Ax + y \leqq b$, $x \geqq 0$, $y \geqq 0$ と書ける，の下で $c'x$ を最大化すること．

(2) 以下の条件

$$\begin{pmatrix} A' & -E_n \\ E_m & 0 \end{pmatrix} \begin{pmatrix} u \\ v \end{pmatrix} \geqq \begin{pmatrix} c \\ 0 \end{pmatrix}, \quad \begin{pmatrix} u \\ v \end{pmatrix} \geqq 0,$$

すなわち，$A'u - v \geqq c$, $u \geqq 0$, $v \geqq 0$, の下で $b'u$ を最小化すること．

$c'x$ と $b'u$ はそれぞれ y と v に依存しないので，これらの問題は元の問題 (1) と (2) と同値である．なぜなら，もし x^0, y^0 と u^0, v^0 が新しい問題の解ならば，x^0 と u^0 は元の問題 (1) と (2) を解き，そして，もし x^0 と u^0 が元の問題 (1) と (2) の解ならば，x^0, y^0 と u^0, v^0 は，$0 \leqq y^0 \leqq b - Ax^0$, $0 \leqq v^0 \leqq A'u^0 - c$ を満たす任意の y^0 と v^0 に対し，新しい問題を解くからである．

ここに現れた関数は区分的線形なので，命題 47 の仮定で Γ と Δ の相対的内点に関する記述を除いたものが満たされれば，この 2 つの最適値の存在が保証される．これらの仮定はここでは次のような形態をとる：$Ax + y \leqq b$ を満たす $x \geqq 0$, $y \geqq 0$ が存在し，$A'u - v \geqq c$ を満たす $u \geqq 0$, $v \geqq 0$ が存在する．明らかに，$Ax \leqq b$ を満たす $x \geqq 0$ が少なくとも 1 つ存在することと

$A'u \geqq c$ を満たす $u \geqq 0$ が少なくとも 1 つ存在することを要請すれば十分である．というのは，この x と u と共に $y = 0$ と $v = 0$ を考えれば上述の条件を満たすからである．これで線形計画問題 (1) と (2) に関する主張が完全に証明された．

3.7　凸関数のレベル集合

A^n 内の集合 D 上で定義された任意の実数値関数 $\varphi(x)$ を考える．与えられた実数 τ に対し，$\varphi(x) \leqq \tau$ をみたす D 内の点 x より成る D の部分集合 L_τ を，レベル τ に対する $\varphi(x)$ の**レベル集合**とよぶ．明らかに，L_τ は $\tau < \inf \varphi$ に対し空であり，$\tau > \sup \varphi$ に対し $L_\tau = D$ が成立する．従って，φ の値域全体を含む最小の区間 Ω に τ を制限して考えることにする．この区間は有限でも無限でもありうるし，開でも半開でも閉でもありうる．$\varphi(x)$ が定数関数という自明な場合を除くために，Ω は内点をもつと仮定する．以降はすべての数 $\tau, \tau_0, \ldots$ は Ω に属すると仮定する．$\varphi(x) \leqq \tau_0$ が成立することと，すべての $\tau > \tau_0$ に対し $\varphi(x) \leqq \tau$ が成立することは同値なので，レベル集合の族 L_τ が以下の性質をもつことがただちに分る．

I. $\bigcup_{\tau \in \Omega} L_\tau = D$ が成立する．

II. もし $\tau_1 < \tau_2$ ならば，$L_{\tau_1} \subset L_{\tau_2}$ が成立する．

III. $\bigcap_{\tau > \tau_0} L_\tau = L_{\tau_0}$ が成立する．そして，もし Ω が左に開いているならば，$\bigcap_{\tau \in \Omega} L_\tau$ は空である．

逆に，A^n 内の集合 D と条件 I – III をみたす，ある区間 Ω の実数を添字とする部分集合族 L_τ が与えられたとき，D 上で定義された関数 $\varphi(x)$ で，L_τ をレベル集合族とするものが存在する．このような関数の存在を示すために，$\varphi(x) = \inf_{L_\tau \ni x} \tau$ と定義する．このとき，$\varphi(x)$ はすべての $x \in D$ に対し有限値である．というのは，すべての $x \in D$ に対し，I により x を含む L_τ が存在し，一方，III よりもし Ω が下に有界でなければ，x を含まないある $L_{\tau'}$ が存在するからである．τ_0 に対応するこの関数のレベル集合は $\inf_{L_\tau \ni x} \tau \leqq \tau_0$

をみたすすべての x から成っている．このとき，x がこのレベル集合に属すための必要十分条件は，すべての $\varepsilon > 0$ に対し，$x \in L_\tau$ をみたす $\tau < \tau_0 + \varepsilon$ が存在することである．II により，これは $\tau > \tau_0$ に対し $x \in L_\tau$ が成立することであり，よって，III により $x \in L_{\tau_0}$ が成立する．さらに III より，$\varphi(x) = \min_{L_\tau \ni x} \tau$ が成立する．この等式は，D 上で定義された関数 $\varphi(x)$ と I – III をみたす D 内の添字付けられた部分集合族の間の 1 対 1 対応を確立している．

レベル集合族 L_τ をもつ関数 $\varphi(x)$ が下半連続であるための必要十分条件として以下のものが知られている：

IV. すべての $\tau \in \Omega$ に対し，L_τ が D に関し閉である．

上半連続に対する条件については以下のものがある：

$\bigcup_{\tau<\tau_0} L_\tau$ が D に関し開である．

これについては以降いちいち言及せずに用いる．

$t = F(\tau)$ を $\tau \in \Omega$ に対し定義された狭義単調増加連続関数とする．値域 $F(\tau), \tau \in \Omega$ を W で表し，$\tau = \Phi(t)$，$t \in W$ を F の逆関数とする．このとき，集合族 $K_t = L_{\Phi(t)}, t \in W$ は関数 $f(x) = F(\varphi(x))$ のレベル集合の族であり，もし $L_\tau, \tau \in \Omega$ が条件 I – IV をみたすならば，これも同様の性質をみたす．

簡単のために，L_τ と K_t のように狭義単調増加連続な添字の変換 $t = F(\tau)$ によって互いに求められるような 2 つの族は互いに**変換可能**であるということにする．

以下で議論する問題は次のように定式化することができる：

> どのような条件の下で，I – IV をみたす集合族 L_τ が凸関数のレベル集合族に変換可能であるか．本質的でない困難を避けるために，以降定義域 D は凸で開であると仮定する．

次の主張が必要条件であることは明らかである：

V. $\tau \in \Omega$ に対し，L_τ が凸である．

しかし，この条件は十分ではない．D 上で定義された関数 $\varphi(x)$ は，$0 \leqq \theta \leqq 1$ と D 内のすべての x と y に対し，

$$\varphi((1-\theta)x+\theta y) \leqq \max(\varphi(x), \varphi(y))$$

が成立するとき，**準凸**であるという．次の主張が成立する．

命題 50 関数 $\varphi(x)$, $x \in D$ のレベル集合が凸であるための必要十分条件は，$\varphi(x)$ が準凸であることである．

証明 必要性を証明するために, x と y を D の任意の点とし $\tau = \max(\varphi(x), \varphi(y))$ と定義する．このとき, $x \in L_\tau$, $y \in L_\tau$ が成立し, L_τ が凸なので, $(1-\theta)x+\theta y \in L_\tau$ が成立する．よって，$\varphi((1-\theta)x+\theta y) \leqq \tau$ が成立する．

十分性を証明するために，L_τ を $\varphi(x)$ の任意のレベル集合とする．もし $x \in L_\tau, y \in L_\tau$ ならば，$\varphi(x) \leqq \tau$, $\varphi(y) \leqq \tau$ が成立する．$\varphi(x)$ の準凸性により，$\varphi((1-\theta)x+\theta y) \leqq \tau$ すなわち $(1-\theta)x+\theta y \in L_\tau$ が成立する．□

I – V をみたす D の部分集合族 L_τ，すなわち，D 上で定義され値域が Ω である下半連続準凸関数 $\varphi(x)$ のレベル集合族を簡単のために**準凸族**とよぶ．L_τ が凸関数 $f(x) = F(\varphi(x))$ のレベル集合族 $K_t, t \in W$ に変換可能であると仮定する．このレベル集合族を簡単のために**凸族**とよぶ．このとき，$f(x)$ も $\varphi(x)$ も連続である．開である定義域をもつ凸関数は最大値をもちえないので，$t = F(\tau)$ による Ω の像である区間 W は右に開いている．よって Ω も同じ性質をもつことになる．このことより，特に集合 $L_\tau = K_t$ はすべて D の真部分集合である．もし W が左に閉じているならば, Ω は左に閉じている．そしてその逆も成立する．さらに $a = F(\alpha)$ も成立する．よって，記号 $\alpha = \inf \varphi(x)$, $\beta = \sup \varphi(x)$, $a = \inf f(x)$, $b = \sup f(x)$ を使うと，$-\infty \leqq \alpha < \beta \leqq \infty$, $-\infty \leqq a < b \leqq \infty$ であり，W は $a \underset{(=)}{<} t < b$ で，Ω は $\alpha \underset{(=)}{<} \tau < \beta$ である．ここで，等号が成立するのは同時である (もちろん a と α が有限値のときのみであるが)．開区間 $a < t < b$ と $\alpha < \tau < \beta$ を W_0 と Ω_0 とそれぞれ表す．

準凸族 L_τ が凸族に変換可能であるためにみたさなければならないかなり明白な必要条件として，以下の条件が挙げられる：

任意の $\tau_0 \in \Omega_0$ に対し，$\overline{\bigcup_{\tau<\tau_0} L_\tau} = L_{\tau_0}$ が成立する．

これは，凸関数がその定義域のある相対的開部分集合上で定数値をとりうるのは，その定数値が最小値である場合にしかありえないことを示している．しかし，この条件を明示的に使うことはない．上記問題のさらなる議論は次に示す凸族の性質に基づいて進められる：

命題 51 準凸族 K_t，$t \in W$ が凸族であるための必要十分条件は，$0 \leqq \theta \leqq 1$，t_0，$t_1 \in W$，$t_\theta = (1-\theta)t_0 + \theta t_1$ に対し，

$$(*) \quad (1-\theta)K_{t_0} + \theta K_{t_1} \subset K_{t_\theta}$$

が成立することである．

証明 これを証明するために，K_t を凸関数 $f(x), x \in D$ のレベル集合とする．$x^\theta = (1-\theta)x^0 + \theta x^1$，$x^0 \in K_{t_0}$，$x^1 \in K_{t_1}$，を $(1-\theta)K_{t_0} + \theta K_{t_1}$ の任意の点とする．このとき，

$$f(x^\theta) \leqq (1-\theta)f(x^0) + \theta f(x^1) \leqq (1-\theta)t_0 + \theta t_1 = t_\theta$$

が成立する．よって，$x^\theta \in K_{t_\theta}$ である．逆に，$(*)$ がみたされているとして $f(x) = \min_{K_t \ni x} t$ と定義する．上述のように，この関数はレベル集合 K_t をもつ．x^0 と x^1 を D の任意の点として，$f(x^0) = t_0$，$f(x^1) = t_1$，そして $x^\theta = (1-\theta)x^0 + \theta x^1$ とおく．このとき $x^0 \in K_{t_0}$，$x^1 \in K_{t_1}$ が，そして $(*)$ より $x^\theta \in K_{t_\theta}$ が成立する．よって，

$$f(x^\theta) = \min_{K_t \ni x^\theta} t \leqq t_\theta = (1-\theta)f(x^0) + \theta f(x^1)$$

が成立し，これで証明が完了する．□

M を点集合とする．第2章5節のように，M がその方向に有界であるベクトル全体からなる原点を頂点とする錐を $B(M)$ と表す．次に示すかなり明白な錐 B の性質をこれから用いることになる：

任意の点集合 M, N に対し，

もし $M \subset N$ ならば，$B(M) \supset B(N)$，

$\lambda > 0$ に対し，$B(\lambda M) = B(M)$，

$$B(M+N) = B(M) \cap B(N)$$

が成立する．準凸族 $L_\tau, \tau \in \Omega$ が凸族に変換可能であるためには以下の条件が必要である：

VI. $L_\tau, \tau \in \Omega_0$ のすべての集合が同じ方向に有界である，すなわち，$B = B(L_\tau)$，$\tau \in \Omega_0$，は τ に依存しない．もし L_α が存在するならば，$B \subset B(L_\alpha) \subset \overline{B}$ が成立する．

この主張は添字の変換の下に不変なので，$(*)$ をみたす族 K_t について証明すれば十分である．$t \in W_0$，$t_1 \in W_0$，$t_1 > t$ が与えられたとし，W 内に $t_0 < t$ を選ぶ．$\theta = (t - t_0)/(t_1 - t_0)$ として，関係 $(*)$ より

$$(1-\theta)K_{t_0} + \theta K_{t_1} \subset K_t$$

が成立する．よって，$K_{t_0} \subset K_t \subset K_{t_1}$ より，

$$B(K_{t_1}) \subset B(K_t) \subset B(K_{t_0}) \cap B(K_{t_1}) = B(K_{t_1})$$

が成立する．従って，$B(K_t) = B(K_{t_1})$ であり，このことが主張を証明している．

もし L_α が存在するならば，$L_\alpha \subset L_\tau, \tau \in \Omega_0$ なので $B \subset B(L_\alpha)$ が成立する．L_α が存在する場合に，$B(L_\alpha) \subset \overline{B}$ を証明することだけが残っている．$\xi \neq 0$ が $B(L_\alpha)$ の要素で，H を L_α の ξ が法線方向である支持超平面とする．与えられた $\varepsilon > 0$ に対し，H との距離が ε より小さい L_α 内の点 p が存在する．H_ε によって，H に平行で H との距離が ε であり H によって p と分離されている超平面を表す．H_ε の中にその中心が p の H_ε 上への正射影である $(n-1)$ 次元閉単位球 $\overline{U}$ を考える．コンパクト集合 $\overline{U}$ は L_α と正の距離をもつので，III より K_t と $\overline{U}$ が交わらないような $t > a$ が存在する．第 2.6 節の分離定理 (命題 28) により，K_t と $\overline{U}$ を分離する超平面 H' が存在する．$\overline{U}$ の方向を向いている H' の法線ベクトル ξ' は B に属す．というのは，K_t がこの方向に有界だからである．H' が p と $\overline{U}$ を分離しているので，ξ と ξ' のなす角の正接は 2ε より小である．よって，半直線 (ξ) は $(\xi') \in B$ の極限半直線である．これで $B(L_\alpha) \subset \overline{B}$ の証明が完了した．

凸集合 M の漸近錐 $A(M)$ は $B(M)$ の極錐 $B(M)^* = \overline{B(M)}^*$ であるので (第 2.5 節命題 26)，上述の結果より以下がえられる．

命題 52 凸関数のすべてのレベル集合は同じ漸近錐をもつ．

$L_\tau, \tau \in \Omega$ を条件 I – VI をみたす D の部分集合の族とする．

$$h(\tau, \xi) = h_{L_\tau}(\xi)$$

で L_τ の支持関数を表す．VI より，固定された $\tau \in \Omega_0$ に対し，$h(\tau, \xi)$ が錐 B 上で定義され，それ以外では定義されない．もし α が有限値で $\alpha \in \Omega$ ならば，$h(\alpha, \xi)$ は B 上だけでなく，B に属さない B のある境界半直線上で定義される可能性がある．しかし，以下の議論では，$\xi \in B$ に対する $h(\alpha, \xi)$ を考えるだけで十分である．さらに，単位ベクトルである ξ を考えれば十分である．II により，固定された ξ に対し，$h(\tau, \xi)$ は $\tau \in \Omega$ の増加関数であるが，この関数は以下のように解釈することができる．$\tau = \varphi(x)$ をレベル集合 L_τ をもつ関数とする．$(n+1)$ 次元空間 x, τ において集合 $[D, \varphi]$ を考える．τ 軸とベクトル $(\xi, 0), \xi \in B, \xi \neq 0$ により張られる 2 次元線形多様体 A^2 上へのこの集合の正射影を φ の ξ-**断面**とよぶ．もし $-\xi$ も B に属するならば，$(-\xi)$-断面は ξ-断面と同じである．A^2 内に τ 軸と $(\xi, 0)$ で決まる有向直線を y 軸とする τ, y 座標系を導入する．A^2 内の y 軸と平行なすべての直線 $\tau = \tau_0$，$\tau_0 \in \Omega$ は，ξ 方向に端点をもちその y 座標が $h(\tau_0, \xi)$ である ($-\xi$ 方向の) 半直線あるいは線分として ξ-断面と交わる．このことが成立するのは，$\|\xi\| = 1$ に対し，$h(\tau_0, \xi)$ が原点から L_{τ_0} の法線方向が ξ である支持 $(n-1)$ 次元線形多様体までの距離を表すからである．このとき $y = h(\tau, \xi)$ が，そして，$-\xi \in B$ の場合には $y = h(\tau, \xi)$ と $y = -h(\tau, -\xi)$ が ξ-断面の境界の方程式である．

D 上で $f(x) = F(\varphi(x))$ が凸となるような狭義単調増加連続関数 $t = F(\tau)$ が存在すると仮定する．このとき，$\tau = \Phi(t)$ を $t = F(\tau)$ の逆関数とすると，集合 $K_t = L_{\Phi(t)}$ は $(*)$ をみたす．よって，第 1 節の最後で述べた支持関数の性質により，$t_\theta = (1-\theta)t_0 + \theta t_1$ に対し，

$$(**) \quad h(\Phi(t_\theta), \xi) \geqq (1-\theta) h(\Phi(t_0), \xi) + \theta h(\Phi(t_1), \xi)$$

が成立する．$F(\varphi(x))$ の ξ-断面が凸集合であるという事実に呼応する結果として，固定された $\xi \in B$ に対し $h(\Phi(t), \xi)$ が t の凹関数であることをこれは意味している．

逆に，族 $L_\tau, \tau \in \Omega$ に対し，関数 $h(\Phi(t), \xi)$ がすべての固定された $\xi \in B$ に対し t の凹関数である，すなわち，$F(\varphi(x))$ の ξ-断面がすべて凸である狭義単調増加連続関数 $t = F(\tau), \tau \in \Omega$, $\tau = \Phi(t), t \in W$ が存在すると仮定する．この仮定から $F(\varphi(x))$ が D 上の凸関数であることが演繹される．これを証明するためには，$(*)$ を証明すれば十分である．$(**)$ が成立している．そして，ふたつの点集合 M と N に対し，$h_M(\xi) \leqq h_N(\xi)$ より $\overline{\{M\}} \subset \overline{\{N\}}$ が演繹される．よって

$$\overline{K_{t_\theta}} \supset \overline{(1-\theta)K_{t_0} + \theta K_{t_1}} \supset (1-\theta)K_{t_0} + \theta K_{t_1}$$

が成立する．条件 IV より $\overline{K_t} \cap D = K_t$ が成立する．従って，

$$K_{t_\theta} \supset D \cap ((1-\theta)K_{t_0} + \theta K_{t_1}) = (1-\theta)K_{t_0} + \theta K_{t_1}$$

が成立する．最後の等式は，包含関係 $K_{t_0} \subset D, K_{t_1} \subset D$ と D の凸性より導かれる．これで次の定理の証明が完了した．

命題 53 $L_\tau, \tau \in \Omega$ を，錐 $B(L_\tau) = B$ が $\tau \in \Omega_0$ である τ に依存しないような，下半連続準凸関数 $\varphi(x)$ のレベル集合の族とする．$h(\tau, \xi), \xi \in B$ を L_τ の支持関数とする．さらに，$t = F(\tau)$ を狭義単調増加連続関数とし，$\tau = \Phi(t), t \in W$ をその逆関数とする．このとき，$F(\varphi(x))$ が $x \in D$ に対し凸であるための必要十分条件はすべての固定された $\xi \in B$ に対し，$h(\Phi(t), \xi)$ が $t \in W$ の凹関数であることである，すなわち，Ω 内の任意の 3 つの数 $\tau_1 < \tau_2 < \tau_3$ に対し，

$$\frac{h(\tau_2, \xi) - h(\tau_1, \xi)}{F(\tau_2) - F(\tau_1)} \geqq \frac{h(\tau_3, \xi) - h(\tau_2, \xi)}{F(\tau_3) - F(\tau_2)}$$

が成立することである．

この条件は違った形でも与えることができる．もし $h(\tau_2, \xi) = h(\tau_1, \xi)$ ならば，$h(\tau, \xi)$ が τ に関し増加なので，この不等式より $h(\tau_3, \xi) = h(\tau_2, \xi)$ が

演繹される．この不等式は明らかにこの特別な場合にはみたされるので，それは

$$\frac{F(\tau_3)-F(\tau_2)}{F(\tau_2)-F(\tau_1)} \geqq \frac{h(\tau_3,\xi)-h(\tau_2,\xi)}{h(\tau_2,\xi)-h(\tau_1,\xi)}$$

と同値である．ここで，分母が 0 のときは右辺は 0 であると解釈する．族 L_τ のみに依存する量

$$\mathcal{H}(\tau_1,\tau_2,\tau_3) = \sup_{\xi\in B} \frac{h(\tau_3,\xi)-h(\tau_2,\xi)}{h(\tau_2,\xi)-h(\tau_1,\xi)}$$

が必要条件を記述するために用いられる：

VII. Ω 内の $\tau_1 < \tau_2 < \tau_3$ である任意の 3 つの数に対し

$$(***) \quad F(\tau_3)-F(\tau_2) \geqq (F(\tau_2)-F(\tau_1))\mathcal{H}(\tau_1,\tau_2,\tau_3)$$

が成立するような狭義単調増加連続関数 $F(\tau), \tau\in\Omega$ が存在する．

上記のことから I – VII が，開凸集合 D の適切に実数の添字付けられた部分集合族が D 上で定義された凸関数のレベル集合族を形成するための必要十分条件であることは明らかである．I – VI は単純で直感的であるが，VII はかなり複雑である．上記の関数 $\mathcal{H}(\tau_1,\tau_2,\tau_3)$ に関する関数不等式が狭義単調増加連続な解をもつかどうか簡単に検証する方法はない．局所的そして大局的双方の $\mathcal{H}(\tau_1,\tau_2,\tau_3)$ の性質が決定的な影響を与える．元の問題と見比べてみると何の進歩もないように見える．しかし，VII には求めるべき関数 $F(\tau)$ のある種の構成法を導くという長所がある．その方法を示すために以下の注意を付け加えておく．

Ω 内の 3 点 $\tau_0 < \tau_1 < \tau$ を固定する．

$$\tau_1 < \tau_2 < \cdots < \tau_p < \tau_{p+1} = \tau$$

をみたす数 τ_i，$i=1,\ldots,p+1$ を選ぶ．このとき $(***)$ より，$i=1,\ldots,p$ に対し，

$$F(\tau_{i+1})-F(\tau_i) \geqq (F(\tau_i)-F(\tau_{i-1}))\mathcal{H}(\tau_{i-1},\tau_i,\tau_{i+1})$$

が成立する．$i=1,\ldots,j\leqq p$ に対し，これらの不等式を掛け合せることにより，

$$F(\tau_{j+1})-F(\tau_j) \geqq (F(\tau_1)-F(\tau_0))\prod_{i=1}^{j}\mathcal{H}(\tau_{i-1},\tau_i,\tau_{i+1})$$

をえる．j について加え合せると，

$$F(\tau)-F(\tau_1) \geqq (F(\tau_1)-F(\tau_0))\sum_{j=1}^{p}\prod_{i=1}^{j}\mathcal{H}(\tau_{i-1},\tau_i,\tau_{i+1})$$

をえる．

$$k(\tau_0,\tau_1,\tau)=\sup\sum_{j=1}^{p}\prod_{i=1}^{j}\mathcal{H}(\tau_{i-1},\tau_i,\tau_{i+1})$$

とおく．ここで sup は区間 τ_1, τ のすべての分割 $\tau_1<\tau_2<\cdots<\tau_p<\tau$ にわたってとるものとする．このとき，

$$F(\tau)-F(\tau_1) \geqq (F(\tau_1)-F(\tau_0))k(\tau_0,\tau_1,\tau)$$

が成立する．よって，$k(\tau_0,\tau_1,\tau)$ は Ω 内のすべての $\tau_0<\tau_1<\tau$ に対し有限値でなければならない．これには $\mathcal{H}$ に関する局所的と大局的な条件の混合が含まれている．もし k が有限値ならば，$\tau>\tau_1$ に対し求める性質をもつ関数 $F(\tau)$ が以下のようにしてえられる．2 点，たとえば τ_0 と τ_1，における $F(\tau)$ の値は任意に与えることができる．そして，$\tau>\tau_1$ に対し

$$F(\tau) \geqq F(\tau_1)+(F(\tau_1)-F(\tau_0))k(\tau_0,\tau_1,\tau)$$

をみたす任意の狭義単調増加連続関数 $F(\tau)$ が求める性質をもつことを示せる．$k(\tau_0,\tau_1,\tau)$ が τ に関し単調増加なので，このような関数は存在する．同様の方法で，τ_0 と τ_1 の間の τ と τ_0 より小さい τ に対し，その関数を構成することができる．

次節では微分可能関数の場合にこの関数を構成する．

3.8　定められたレベル集合をもつ微分可能凸関数

D を A^n の開凸集合とする．D の与えられた部分集合 L_τ が 2 階微分可能関数 $\tau=\varphi(x)$ のレベル集合であるという仮定の下で前節で議論した問題を解く．第 7 節のように，$\alpha=\inf\varphi(x)$，$\beta=\sup\varphi(x)$ とおく．D 上で $f(x)=F(\varphi(x))$ が凸となるような 2 階微分可能な狭義単調増加関数 $F(\tau)$，$\alpha \underset{(\leqq)}{} \tau<\beta$ を求

める．まず必要条件を求め，後にそれが十分でもあることを示す．第7節の結果は用いない．

以下の記号を導入する．

$$\frac{\partial \varphi}{\partial x_i} = \varphi_i,\ \frac{\partial f}{\partial x_i} = f_i,\ \frac{\partial^2 \varphi}{\partial x_i \partial x_j} = \varphi_{ij},\ \frac{\partial^2 f}{\partial x_i \partial x_j} = f_{ij},\ i, j = 1, \ldots, n$$

$f(x) = F(\varphi(x))$ の微分は以下のように記述できる．

$$(1) \qquad f_i = F' \varphi_i$$

$$(2) \qquad f_{ij} = F'' \varphi_i \varphi_j + F' \varphi_{ij}$$

$f(x) = F(\varphi(x))$ が凸と仮定する．このとき，$f(x)$ は最小点以外には停留点をもたない．明らかに，$\varphi(x)$ も同様の性質をもつ．これを最初の必要条件として定式化する：

A. $\varphi(x)$ は最小点以外には停留点をもたない (最小点が存在しない可能性もある)．

(1) と $\alpha \underset{(\leqq)}{} \tau < \beta$ において $F'(\tau) \geqq 0$ であることより，$\tau > \alpha$ において $F'(\tau) > 0$ が成立する．$f(x)$ が凸であることの必要十分条件は，任意の固定された $x \in D$ に対し，y_i，$i = 1, \ldots, n$，を変数とする2次形式

$$\sum_{i,j} f_{ij}(x) y_i y_j = F''(\varphi(x)) \left(\sum_i \varphi_i(x) y_i \right)^2 + F'(\varphi(x)) \sum_{i,j} \varphi_{ij}(x) y_i y_j$$

が非負定値であることである．

もし $\varphi(x)$ が，よって $f(x)$ が，最小値をもつならば，その最小点，すなわちすべての $x \in L_\alpha$ においてこの条件は明らかに満たされる．これは $\varphi_i = 0$ であり，$\sum_{i,j} \varphi_{ij} y_i y_j$ がこれらの点で非負定値であるからである．よって，$\varphi(x) > \alpha$ である x に対し考察すれば十分である．このような x に対し $F' > 0$ なので，記号

$$\sigma = \sigma(x) = \frac{F''(\varphi(x))}{F'(\varphi(x))}$$

$$(3) \qquad Q(y, y) = \sum_{i,j} \varphi_{ij} y_i y_j + \sigma \left(\sum_i \varphi_i y_i \right)^2$$

を用いて，上述の条件を以下のように書き換えることができる：L_α に属さない D 内のすべての x に対し $Q(y,y)$ は非負定値である．

このような x を固定する．$Q(y,y)$ の特性行列式は

$$\begin{aligned} C_Q(\lambda) &= |\varphi_{ij} - \lambda\delta_{ij} + \sigma\varphi_i\varphi_j| \\ &= \begin{vmatrix} \varphi_{ij} - \lambda\delta_{ij} + \sigma\varphi_i\varphi_j & \varphi_i \\ 0 & 1 \end{vmatrix} \end{aligned}$$

である．付け加えた列の適当なスカラー倍を他の列から引くことにより，

$$C_Q(\lambda) = \begin{vmatrix} \varphi_{ij} - \lambda\delta_{ij} & \varphi_i \\ -\sigma\varphi_j & 1 \end{vmatrix}$$

をえる．この行列式は，その左上の小行列式に，自身の右下の 1 を 0 に置き換えた行列式を加えたものに等しい．よって，$Q(y,y)$ の特性行列式は

$$C_Q(\lambda) = |\varphi_{ij} - \lambda\delta_{ij}| - \sigma \begin{vmatrix} \varphi_{ij} - \lambda\delta_{ij} & \varphi_i \\ \varphi_j & 0 \end{vmatrix} \tag{4}$$

の形をとる．それを λ の多項式として書くと，

$$C_Q(\lambda) = T_n - T_{n-1}\lambda + \cdots + (-1)^n T_0 \lambda^n$$

となる．ここで，$T_0 = 1$ であり，T_ρ，$\rho = 1, \ldots, n$，は特性根の ρ 次基本対称関数である．

(4) の右辺の第 1 項は，2 次形式

$$P(y,y) = \sum_{i,j} \varphi_{ij} y_i y_j$$

の特性行列式

$$C_P(\lambda) = S_n - S_{n-1}\lambda + \cdots + (-1)^n S_0 \lambda^n$$

である．ここで，$S_0 = 1$ であり，S_ρ，$\rho = 1, \ldots, n$，は $P(y,y)$ の特性根の ρ 次基本対称関数である．(4) の第 2 項が本質的には 2 次形式 $P^*(y,y)$ の

特性行列式 $C_P^*(\lambda)$ であることを示す．ここで $P^*(y,y)$ は $P(y,y)$ を超平面 $\sum_i \varphi_i y_i = 0$ に制限した $n-1$ 変数の 2 次形式である．$P^*(y,y)$ の特性根は，制約 $\sum_i \varphi_i y_i = 0$ と $\sum_i y_i^2 = 1$ の下での $P(y,y)$ の停留値である．よって，未定乗数法により，それらは関数

$$\sum_{i,j} \varphi_{ij} y_i y_j + 2z \sum_i \varphi_i y_i - \lambda \left(\sum_i y_i^2 - 1 \right)$$

の停留値である．ここで，y_i は自由変数であり，$2z$ と λ は未定乗数を表している．停留点 y_i に対し，これは条件

$$(5) \qquad \sum_j \varphi_{ij} y_j + z\varphi_i - \lambda y_i = 0$$

$$(6) \qquad \sum_j \varphi_j y_j = 0$$

$$(7) \qquad \sum_i y_i^2 = 1$$

を与える．この方程式系の解 y_i, z の存在性より

$$(8) \qquad \begin{vmatrix} \varphi_{ij} - \lambda\delta_{ij} & \varphi_i \\ \varphi_j & 0 \end{vmatrix} = 0$$

が成立する．λ がこの方程式をみたし，y_i, z が (5), (6), (7) の解とする．(5) に y_i を掛けて，i について足し合わせると，$\sum_{i,j} \varphi_{ij} y_i y_j = \lambda$ が成立することが分り，λ は問題の停留値である．よって (8) は $P^*(y,y)$ の特性方程式である．形式的には (8) の左辺は λ の n 次多項式である．しかし，λ^n の係数は 0 である．λ^{n-1} の係数が正規化のために必要なのだが，行列式 (8) を λ^{n-1} で割り，$\lambda \to \infty$ とすることにより得られる．もしこれを最初の n 個の各行を λ で割り，その後最後の列に λ を掛けることにより行なうならば，その係数は簡単に見つかり，

$$\begin{vmatrix} -1 & 0 & \cdots & 0 & \varphi_1 \\ 0 & -1 & \cdots & 0 & \varphi_2 \\ \vdots & \vdots & & \vdots & \vdots \\ 0 & 0 & \cdots & -1 & \varphi_n \\ \varphi_1 & \varphi_2 & \cdots & \varphi_n & 0 \end{vmatrix} = (-1)^n \sum_i \varphi_i^2$$

となる．記号

$$k^2 = \sum_i \varphi_i^2$$

を用いると，

$$C_P^*(\lambda) = -\frac{1}{k^2}\begin{vmatrix} \varphi_{ij} - \lambda\delta_{ij} & \varphi_i \\ \varphi_j & 0 \end{vmatrix}$$

をえる．もしこれを多項式

$$C_P^*(\lambda) = S_{n-1}^* - S_{n-2}^*\lambda + \cdots + (-1)^{n-1}S_0^*\lambda^{n-1}$$

として書くと，$S_0^* = 1$ であり，S_ρ^* は $P^*(y,y)$ の特性根の ρ 次基本対称関数である．よって，(4) は

$$C_Q = C_P + \sigma k^2 C_P^*$$

と書くことができる．したがって，

$$(9) \qquad T_\rho = S_\rho + \sigma k^2 S_{\rho-1}^*, \quad \rho = 1, \ldots, n$$

が成立する．

$Q(y,y)$ が非負定値であるための必要十分条件は，すべての特性根が非負であること，すなわち

$$(10) \qquad T_\rho \geqq 0, \quad \rho = 1, \ldots, n$$

が成立することである．よく知られているように，このことよりもしひとつの $T_\rho = 0$ が成立するならば，それに続く T_ρ も 0 となる．

$F(\varphi(x))$ が凸となるような $F(\tau)$ が存在するための必要条件をみつけるために，(10) が成立していると仮定する．式 (3) は，$\sum_i \varphi_i y_i = 0$ をみたす y_i に対し，$P^*(y,y)$ が $Q(y,y)$ に一致することを示している．よって $P^*(y,y)$ は非負定値であり，したがって

$$S_{\rho-1}^* \geqq 0, \quad \rho = 1, \ldots, n$$

が成立する．

$$\mu_1 \geqq \mu_2 \geqq \cdots \geqq \mu_n$$

と

$$\mu_1^* \geqq \mu_2^* \geqq \cdots \geqq \mu_{n-1}^*$$

をそれぞれ $P(y,y)$ と $P^*(y,y)$ の特性根とする．2 次形式の特性根の最大最小性質により，

$$\mu_1 \geqq \mu_1^* \geqq \mu_2 \geqq \cdots \geqq \mu_\rho \geqq \mu_\rho^* \geqq \cdots \geqq \mu_{n-1}^* \geqq \mu_n$$

が成立する．もし $r-1$ が $P^*(y,y)$ の階数 (これはもちろん x に依存する) を表すとすると，

$$\mu_1^* > 0, \ldots, \mu_{r-1}^* > 0,\ \mu_r^* = \cdots = \mu_{n-1}^* = 0$$

が成立する．よって，

$$\mu_1 > 0, \ldots, \mu_{r-1} > 0$$

が成立し，そして，もし $r < n$ ならば，

$$\mu_r \geqq 0,\ \mu_{r+1} = \cdots = \mu_{n-1} = 0,\ \mu_n \leqq 0$$

が成立する．これは $P(y,y)$ の階数が高々 $r+1$ であり，もし $r < n$ ならば，

$$S_{r+1} = \mu_1 \cdots \mu_r \mu_n \leqq 0$$

が成立することを示している．一方，$S_r^* = 0$ なので，$\rho = r+1$ に対する (9) と (10) により，$S_{r+1} \geqq 0$ が成立する．よって，$S_{r+1} = 0$，すなわち $\mu_r = 0$ かまたは $\mu_n = 0$ である．このように $P(y,y)$ の階数は実際高々 r である．

B. $F(\varphi(x))$ が凸となるような 2 階微分可能狭義単調増加関数 $F(\tau)$ が存在するためには，各固定された $x \in D$ に対し，超平面 $\sum_i \varphi_i(x) y_i = 0$ に制限した 2 次形式 $\sum_{i,j} \varphi_{ij}(x) y_i y_j$ が非負定値であり，そして，制限した 2 次形式の階数が $r-1$ であるならば制限する前の 2 次形式の階数が高々 r であることが必要である．

これを L_α に属さない x に対してのみ証明したが，$x \in L_\alpha$ に対しては $\varphi_i(x) = 0$ が成立するのでその主張は明らかに成立する．

$P^*(y,y)$ が非負定値であるという最初の条件は $\varphi(x)$ のレベル集合の凸性を表している．第2の部分は，$P^*(y,y)$ が最大の階数 $n-1$ をもつときには明らかにみたされる．$r<n$ である点 x においては，それは次の例によって示されるように $\varphi(x)$ の局所的な挙動を制限している：

$n=2$ とし，$\alpha \underset{(\equiv)}{\leqq} \tau < \beta$ のある部分区間の各 τ_0 に対し，曲線 $\varphi(x)=\tau_0$ (τ_0 は定数) が τ_0 に滑らかに依存する線分を含むと仮定する．このとき，その線分上の点で $P^*(y,y)$ の階数は0である．そのとき，曲面 $\tau=\varphi(x)$，よって曲面 $t=f(x)$ もその母線が x_1x_2 平面に平行な線織面の一部を含む．このような線織面はそれが円筒であるとき，すなわち，その母線よって線分が互いに平行であるときに限って凸である．この場合正に $P(y,y)$ の階数が高々1であるという条件，これが必要とされるのである．

たとえ $\varphi(x)$ が解析関数であったとしても，この階数条件はその局所的挙動を制限する可能性がある．再び $n=2$ とし，$\varphi(x)$ が定数に等しいとして定義される曲線の曲率がある点で0であると仮定する．このとき階数条件は曲面 $\tau=\varphi(x)$ のガウス曲率もその点で0になることを求める．

L_α に属さない固定された x を再び考える．(9) に鑑み，そして $\rho>r$ に対し $S_\rho=S^*_{\rho-1}=0$ が成立することより，条件 (10) は $\sigma \geqq \overline{\sigma}$ となる．ここで，

$$\overline{\sigma}=\overline{\sigma}(x)=\max_{1\leqq\rho\leqq r}\left(-\frac{S_\rho}{k^2S^*_{\rho-1}}\right)$$

とする．この最大値が $\rho=\rho_0$ で達成されているとする．$Q(y,y)$ の σ を $\overline{\sigma}$ で置き換えたものの特性方程式の係数については，

$$\overline{T}_\rho=S_\rho+\overline{\sigma}k^2S^*_{\rho-1}\geqq 0,\quad \rho=1,\dots,r$$

が成立する．ここで等号は $\rho=\rho_0$ のときに成立する．上述のように，これより $\rho>\rho_0$ に対し，よって特に，$\rho=r\geqq\rho_0$ に対しても，$\overline{T}_\rho=0$ が成立する．従って，

$$\text{(11)}\qquad \overline{\sigma}=-\frac{S_r}{k^2S^*_{r-1}}$$

が成立する．よって，L_α に属さない x と $\tau=\varphi(x)$ に対し，

$$\text{(12)}\qquad \frac{F''(\tau)}{F'(\tau)}=\sigma(\tau)\geqq\sup_{\varphi(x)=\tau}\overline{\sigma}(x)=\sup_{\varphi(x)=\tau}\left(-\frac{S_r}{k^2S^*_{r-1}}\right)$$

が成立する．ここで sup は $\varphi(x)=\tau$ であるすべての $x\in D$ を対象とする．このようにして，我々はさらなる必要条件をえた．

C. もし，2 階微分可能狭義単調増加関数 $F(\tau)$，$\alpha \underset{(=)}{\leqq} \tau < \beta$ に対し，関数 $F(\varphi(x))$ が凸ならば，

$$\frac{F''(\tau)}{F'(\tau)} \geqq \sup_{\varphi(x)=\tau}\left(-\frac{S_r}{k^2 S^*_{r-1}}\right)$$

が成立する．

逆に，2 階微分可能関数 $\tau=\varphi(x)$，$x\in D$ と条件 A，B，C をみたす 2 階微分可能狭義単調増加関数 $F(\tau)$，$\alpha \underset{(=)}{\leqq} \tau < \beta$，が与えられたとする．ここで $\alpha=\inf\varphi$，$\beta=\sup\varphi$ である．このとき，$f(x)=F(\varphi(x))$ は D 上で凸である．2 次形式 $\sum_{i,j} f_{ij}y_iy_j$ が各 $x\in D$ に対し非負定値であることを示す必要がある．(もし存在するならば) 点 $x\in L_\alpha$ に対しては，明らかに本節の初めに述べた場合である．L_α に属さない x に対して，$Q(y,y)$ が非負定値であること示さなければならない．C により，

$$\begin{aligned} Q(y,y) &= \sum_{i,j}\varphi_{ij}y_iy_j + \frac{F''}{F'}\left(\sum_i \varphi_i y_i\right)^2 \\ &\geqq \sum_{i,j}\varphi_{ij}y_iy_j - \frac{S_r}{k^2 S^*_{r-1}}\left(\sum_i \varphi_i y_i\right)^2 \end{aligned}$$

が成立する．したがって，最後の式が非負定値であることを示せば十分である．この式を $Q'(y,y)$ と表す．(3) と (9) より，その特性方程式の係数が

$$T'_\rho = S_\rho - \frac{S_r}{S^*_{r-1}}S^*_{\rho-1}, \quad \rho=1,\dots,n$$

であることが分る．ここで，B により，$\rho=r+1,\dots,n$ に対し，$S_\rho=S^*_{\rho-1}=0$ である．よって

$$T'_\rho = 0 \quad \rho = r, r+1,\dots,n$$

が成立するが，これは $Q'(y,y)$ の階数が高々 $r-1$ であることを示している．一方，超平面 $\sum_i \varphi_i y_i = 0$ に制限された $Q'(y,y)$ は $P^*(y,y)$ に一致する．B により，$P^*(y,y)$ は $r-1$ 個の正の特性根をもつ．よって $Q'(y,y)$ は同様の性質をもたねばならない．これで証明が完了した．

歴史ノート

第1章　凸　錐

第1－6節　凸錐の理論への重要な寄与は (多かれ少なかれ) 死後刊行された Minkowski の論文 [48] に含まれている．しかしながら，この主題の基礎的な論文は Steinitz の論文 [57] の第 II 部である．実質上，第 1–6 節に表れる概念と結果はすべてこの論文に見出すことができる．本書の多くの証明は Steinitz のそれに基づいている．(純粋に代数的手法による)Weyl[66], Gale[21], Gerstenhaber[24] の研究に見られるように，多角錐は近年研究対象となっている．

第7節　本文に記したように，(多角) 凸錐の理論は線形不等式の (有限) 系の理論と深く結び付いている．後者の理論とその様々な幾何的解釈については，Dines-McCoy[16] と特に Motzkin の学位論文 [49] を参考にするとよい．後者には 1934 年までの完全な参考文献目録が含まれている．最近の論文として，Dines[14]，Blumenthal[5][6]，Levi[42]，La menza[40]，Nagy [50] を挙げることができる．さらなる参考文献は Contributions to the Theory of Games (Annals of Mathematics Study, Princeton, 1950) にある．

第 7 節で記した第 2 の解釈については Gale[21] も見よ．多角錐に関する定理 17 は Tucker[63] により報告されている．不等式系 III–VI も Tucker による．

第2章　凸 集 合

凸集合の基本的性質に関する 1934 年までの文献については，Bonnesen と著者による報告 [8] がある．コンパクト集合に関する包括的な解説のある Straszewicz の学位論文 [60] と一般的な凸集合を扱っている Steinitz[57] の第

I 部にも注目すべきである．凸多角形に関しては，Kirchberger[36] も，特にWeyl[66] も参考にすべきである．より新しい研究論文としては，Dines[14], Botts[9], Bateman[3], Macbeath[45] がある．凸集合の概念の一般化については，Green-Gustin[25] を見よ．

第 2 節 (点集合 M の凸包のすべての点は M の高々 $n+1$ 個の点の重心であることを主張する) 命題 6 において，もし M が連結性に関するある性質をもつならば，最大数 $n+1$ を n に置き換えることができる．この主題に関する最初の論文である [8] の 9 頁を見よ．さらなる参考文献として，Bunt[11], Hanner[28], そして特に Hanner-Rådström[29] がある．次の問題が命題 6 と関連があると思われる：線形次元 $d>0$ の集合 M の凸包のどの相対的内点 z も，M の高々 p 個の点からなる線形次元 d の部分集合の凸包の相対的内点となるような最小の正整数 p は何か．(第 1 章の) 定理 8 の系を z と M の点を結ぶ半直線から成る z を頂点とする錐に適用すれば容易にその答は $p=2d$ であることが分る．(実質的には Steinitz による) この結果は，暗黙の内に $Ax \geq 0$ の形の線形不等式系の議論に現われている．(第 1 章 7 節と，例えば Dines-McCoy[16] と Dines[14] を参照せよ．) 直接的な証明は最近 Gustin[26] により与えられた．

第 4 節 射影錐と法線錐は Minkowski[48] により，有界方向の錐と漸近錐は Steinitz[57] により導入された．漸近錐の理論と様々な応用は Stoker[58] を見よ．s-凸性の概念は，(凸性という名で) 著者の論文 [19] で導入された．

第 6 節 分離定理，命題 27 は Minkowski[48] による．有用な命題 28 はわずかだがより一般的である．Klee の論文 [37] の定理 I は任意の有限個のコンパクト凸集合への命題 27 の一般化とみなすことができる．

第 7 節 端点と台に関しては [8] の 16 頁を，さらに，多角形に関しては Weyl[66] を参照せよ．Straszewicz[61] は命題 33 に，端点の代わりに露出点を考えれば十分であることを示している．閉凸集合の点は，その点を通るがその点以外のその閉凸集合の点を通らない (支持) 超平面が存在するとき，その閉凸集合の露出点と定義される．

第 8 節 射影空間の凸集合は Steinitz [57] 第 III 部で考察されている．(定義に関する問題に関しては Kneser [38] を見よ．) 単位球に関する極性は Minkowski [48], 146 – 7 頁により導入された．これについては，Haar[27],

Helly [31], von Neumann [65], Young [67], Bateman [3] も参照せよ．ある種の非有界集合への拡張については，Rådström [54]，Lorch [44] を見よ．任意の極性が Steinitz [57] 第 III 部で議論されている．そして，第 8 節にあるように，必ずしも閉でも開でもない集合に対する極性が著者 [19] により議論されている．

第 3 章　凸 関 数

凸関数理論の歴史，様々な応用，一般化，より広汎な参考文献に関し，読者は Popoviciu[51] と Beckenbach[4] を参照すべきである．基本的論文の参照は別にして，本書で取り上げた話題を扱う，あるいは関連が深いものを以下に引用する．凸関数の多くの基本的性質の現代的で詳細な記述を，Haupt–Aumann–Pauc [30], I, 第 4.8 節, 第 5.4.2.1 節, 第 5.5 節, II, 第 2.2.5 節に見出すことができる．

第 1 節　解析学における古典的な多く不等式を包含する命題 4 はこの理論の出発点であるように見受けられる (Hölder [32], Brunn [10], そして基本的論文 Jensen [34])．任意の点集合上で定義された凸関数が，Galvani [23], Tortorici [62], そして特に Popoviciu [51] によって考察されてきた．斉次凸関数 (尺度関数，支持関数) は Minkowski[47], [48] により導入された．さらなる参考文献は [8] の第 4 節を参照せよ．最近の論文では Rédei[55] がある．Bateman[3] による研究も参照せよ．

命題 5，10，11，14 は，理論構成上凸関数の定義から直接導いたが，(第 4 節で証明した) 点 $x, f(x)$ を通る支持超平面の存在性の直接的な結論であることを指摘しておかなくてはならない．

第 2 – 4 節　よく知られた凸関数の性質については Popoviciu[51] を参照せよ．凸関数が必然的に絶対連続であるかという問題は Friedman[20] で議論された．その答は $n = 1$ の場合のみ肯定的である．凸関数のその定義域の境界における振舞い (命題 24 – 26) については著者の論文 [18] を参照せよ．

1 変数凸関数の片側微分と多変数凸関数の方向微分の存在の最初の証明は Stolz[59]，35 – 36 頁と Galvani[23] であろう．後者の概念は Bonnesen と著者 [8], 第 4 節により，斉次凸関数の研究に応用されている．本書第 4 節に記した任意の凸関数の方向微分の議論はたぶん本書以外では公表されていないだろう．凸関数のある種の微分可能性の研究への新しい接近法が Anderson–Klee[2] にある．Busemann–Feller[12] そして Alexandroff[1] が多変数凸関数の 2 階微分がほとんどいたる所で存在することを証明した．命題 35 に見出される 2 次形式の定値性に基く微分可能斉次凸関数の新しい定義は Lorch[44] により提案されている．

第 5 節　1 変数凸関数の共役は Mandelbrojt[46] により定義された．一般化された概念とそのいくつかの性質に関しては著者の論文 [18] を参照せよ．命題 38 に述べた不等式は，斉次関数のよく知られた次の性質と類似している：$F(x)$ と $H(\xi)$ をそれぞれ 0 を内点として含む凸体 C の尺度関数と支持関数とする．そのとき，

$$x'\xi \leq F(x)H(\xi)$$

がすべての x と ξ に対し成立する．(Helly [31], von Neumann [65], Young [67], Lorch [44] 参照) これは命題 38 の特別な場合とみなせる．というのは，$x \in C$ すなわち $F(x) \leq 1$ である x に対し，$f(x) = 0$ とおくと $\varphi(\xi) = H(\xi)$ であり，よって $F(x) \leq 1$ である x に対し

$$x'\xi \leq H(\xi)$$

が成立する．F の斉次性によりこれは上の不等式と同値である．

第 5 節の残りの部分は未発表である．命題 43 は Bohnenblust–Karlin–Shapley[7] による定理のわずかばかりの一般化である．命題 45 の系としてここで現れた Helly の定理とその様々な一般化は最近の多くの論文の主題となっている：Vincensini[64], Robinson[56], Lanner[41], Dukor[17], Rado[53], Horn[33], Rademacher–Schoenberg[52], Karlin–Shapley[35], Levi[43], Klee[37]．古い文献については [8]，28 頁を参照せよ．命題 46 は (コンパクト) 凸体の支持関数の Minkowski のよく知られた特徴付けを一般化している．古い文献については [8]，28 頁を参照せよ．さらなる参考文献は Rédei[55] と Bateman[3] である．命題 46 の後に記した凸集合の交わりの支持関数の決定は F.Riesz によって最初に指摘されたと思われる．(彼は Lanner にその結果を伝えている．[41] を見よ．)

第 6 節　未発表である．その結果は，Gale, Kuhn, Tucker [22] により証明された線形計画問題の双対性を Kuhn–Tucker[39] により考察された型の非

線形問題へ拡張したものである．単純な双対定理の定式化とその正当性のためには，完全に任意な閉凸関数を考察することが本質的である．一般的な計画問題の理論については，Activity Analysis of Production and Allocation (Cowles Commission Monograph 13, New York 1951) を参照すべきである．

第 7 節　定められたレベル集合をもつ凸関数の存在と決定の問題は de Finetti [13] により，定義域 D とすべてのレベル集合がコンパクト凸との仮定の下で提起され研究された．この場合，条件 I–VI は明らかに満足される．第 7 節のこれらの条件を一般的に扱った部分は未発表である．条件 VII は de Finetti の結果の本書で考察した場合への拡張である．凸関数の構成の詳細は de Finetti の論文を参照すべきである．

第 8 節　未発表である．de Finetti[13] は脚注に，D がコンパクトである場合には関数 $\varphi(x)$ の微分可能性が $F(\varphi(x))$ が凸である $F(\tau)$ の存在性を含意すると記している．これは本書の第 8 節の結果と矛盾する．明らかに de Finetti は，φ の微分可能性が支持関数 $h(\xi,\tau)$ の微分可能性を含意するわけではないという事実を見過している．この含意が正しいのは，第 8 節で導入された階数 $r-1$ が D 全体でその最大値 $n-1$ をもつ場合のみである．そのときは，$\overline{\sigma}$ (式 (11) を見よ．) は容易に

$$\overline{\sigma} = \frac{\partial^2 h}{\partial \tau^2} \Big/ \frac{\partial h}{\partial \tau}$$

と分る．$r<n$ である点では，φ がたとえ解析的であっても，その 2 階の微分が存在しない可能性がある．

訳者あとがき

本書は 1951 年に著者がプリンストン大学数学科で行った講義の講義録 “CONVEX CONES, SETS, AND FUNCTIONS” の日本語訳である．凸集合の研究は 19 世紀末よりその研究成果の蓄積があったが，それらは主に凸集合の幾何的諸問題を研究対象としていた．1905 年生まれの著者もその研究の一翼を担う研究者であり，1988 年に死去するまで生涯幾何学者として研究活動を続けた．1949 年に彼の一連の業績と比較していささか異質な論文 “On Conjugate Convex Functions” を Canadian Journal of Mathematics に発表した [18]．現在でも彼の名を冠して度々引用される凸関数の共役関数初出の文献である．幾何的図形である凸集合ではなく，凸関数を興味の対象としその双対性に目を向けた研究であった．本書はこの流れに沿って，講義録という性質上凸集合の基本的性質の十分な記述がなされてはいるが，凸関数がもつ興味深い性質の披瀝を目標としていると見てよい．幾何学者として培った蘊蓄を所々に発見することができ，著者の精神に起きた幾何と解析の融合の成果として本書があり，現代的な凸解析研究の嚆矢とみなすことのできる重要な文献である．

本書は 3 章から成っており，その表題は本書の構成をそのまま表わしている．第 1 章はベクトル空間における凸錐，第 2 章はアフィン空間における凸集合，第 3 章はアフィン空間における凸関数の研究に当てている．n 次元ユークリッドベクトル空間 L^n における凸錐の基本性質の確認が第 1 章の主題である．第 1 章に記されているほとんどの命題は，一部著者により拡張されたものが含まれるが，当時すでに知られていた内容である．いずれも基本的なものであるため講義すべき内容として取り上げたと思われる．そして第 1 章の最後で，当時多くの関心を引いていた線形斉次不等式系の 6 種類の可解性定理の多角錐による統一的な理解の仕方を示す.

第 2 章では n 次元アフィン空間 A^n において凸集合を分析する. アフィン空間における座標変換から凸結合が独立であることに注目し, 凸集合研究の舞台としてアフィン空間が自然であることを論じた後, アフィン空間には自然な一様位相が存在することを確認する. この位相を基礎に第 3 章を含め以降の議論が進む. 第 1 章で錐あるいは凸錐に関連して現れた相対的位相に関する概念や, 凸包といった代数的概念に対応するアフィン空間おける概念を定義し, その基本性質が第 2 章の前半にまとまっている. 第 2.4 節において, 以降の議論において重要な役割を演ずる, 点 p を頂点とする集合 M の射影錐 $P_p(M)$ と漸近錐 $A_p(M)$ が登場する. 漸近錐は著者が導入した概念ではないが, 一般均衡理論の理論展開に関わっていることは周知の事実であり, 本書が数理経済学者を刺激したことは確かである. そして, 射影錐を用いて通常の凸性を若干強めた概念である s-凸性を導入する. 閉凸集合や相対的開凸集合は s-凸集合の典型的な例である. s-凸集合が漸近錐と親和性の高い概念であることを命題 23 と命題 24 に示す. そして, 広く知られた凸集合の分離定理とその精密化 (命題 28) を示す. 命題 28 は現在流布している凸解析に関連する書物にはほぼ必ず掲載されるものだが, これは本書が初出である.

射影空間における点と超平面の双極性を通じて射影空間内の凸集合に相当する集合を第 2 章の締め括りとして論じている. その議論は著者の凸集合論の理解の仕方をよく表していて興味深い. これは幾何学者として自然な発想なのだが, 通常の凸解析の書物では触れられることがない. 凸解析が応用される経済学やオペレーションズリサーチには必ずしも必要ではない射影幾何学の知識が求められるので省略されるのももっともであるが, 著者独特の凸集合論に対する視点を理解するためには避けて通ることはできないのでここで簡単に記す.

射影空間には代数演算は存在しないが, 一つの超平面を固定するとその補集合がアフィン空間となるのでそこには凸結合という演算が自然に現れる. 従って, このアフィン空間では通常の凸集合の議論を展開することが可能である. この議論の要点となる概念は上述の s-凸性である. このアフィン空間における s-凸性に対応する射影空間における概念が第 2.8 節に登場する p-凸性である. その意味を吟味するためにその定義をここに本文から引用する.

射影空間内の点集合 C は以下の性質を満たすとき p-凸であるという．

1) C は全射影空間でも空集合でもない．

2) C は連結である．

3) C に属さない任意の点に対し，その点を通る C と交わらない超平面が存在する．

この定義において，1) は自明な集合を考察の対象から外すと共に s-凸集合との関係を整合的なものとしている．2) は通常の凸集合が自然にもつ位相的性質である．3) は言葉の上では通常の凸集合の分離定理の主張と同様である．この 3 つの性質により，射影空間で定義可能な概念のみでできるだけ凸性に近い性質を記述しようと試みていることが見てとれる．そして，射影空間における点と超平面の双極性を考慮して，超平面から成る集合 Γ の p-凸性を以下のように定義する．

射影空間内の超平面集合 Γ は，次の性質をもつとき p-凸であるという．

1) Γ は射影空間のすべての超平面からなる集合でも，空集合でもない．

2) Γ は連結である．

3) Γ に属さない各超平面内に，Γ 内の超平面のどれにも属さない点が存在する．

この点集合と超平面集合との p-凸性が整合的であることを主張するものが互いに双対的な主張である命題 34 と命題 35 である．そして，射影空間内の p-凸集合は，その集合に交わらない超平面を無限遠超平面とすることにより現れるアフィン空間内では s-凸集合であること，逆にアフィン空間内の s-凸集合はこのアフィン空間のコンパクト化である射影空間内では p-凸集合となっていることを示す．さらに，命題 34 あるいは命題 35 の主張を基礎に，射影空間内の p-凸集合 C の双対と見なすべき p-凸集合 C^* を定義し，双対性 $C^{**} = C$ が成立し C^* を C の双対集合と呼ぶに相応しい状況を考察する．そして，ユークリッド空間における Minkowski の双対性や，第 3 章で著者が導入し議論する凸関数の共役関数がこの状況の一例となっていることを指摘する．このように凸解析を実行する舞台であるアフィン空間をそれを含む射影空間の一部として捉え，射影空間の点と超平面との極性を足掛かりに包括的にアフィン空間の凸性を理解する姿勢は著者独特のものである．

n 次元アフィン空間で定義された凸関数の研究が第 3 章の主題である．凸関数の様々な代数的基本性質を議論し，ベクトル空間の凸錐上で定義される正斉次凸関数を導入する．その典型的な例として A^n 内の集合の支持関数を挙げる．支持関数は Minkowski が凸体に対し定義した概念だが，一般の集合のそれはここで初めて定義され，以降の議論で重要な役割を果す．次に，1 変数凸関数の基本性質を確認し，その性質に基づき多変数凸関数の連続性に関する性質を議論する．凸関数はその定義域の相対的内部では常に連続であることを示し，この事実より凸関数の振舞いについて注意を払う必要があるのは主に定義域の相対的境界上であることを認識する．そして，境界上の穏やかな振舞いを記述する性質として凸関数の閉性の概念を導入し，任意の凸関数は自然な形で閉凸関数に修正可能であることを示す．閉凸関数をそのエピグラフがアフィン空間 A^{n+1} 内の閉凸集合として幾何的に特徴付ける (本書にはエピグラフという用語はまだ登場しない)．そして，凸関数の微分可能性の議論に進む．凸集合 D 上の凸関数 $f(x)$ の点 $x \in D$ における方向微分 $f'(x;y)$ を集合 $P_x(D) - x$ 上で定義し，これを用いて $f(x)$ の微分可能性を分析する．凸関数のエピグラフの支持超平面と，方向微分から作られる正斉次凸関数のエピグラフのそれが一致することを確認し，支持超平面という幾何的概念と方向微分という解析的概念との間の密接な関係を明らかする．そして，今日的な用語を使えば，凸関数では Gâteaux 微分と Fréchet 微分が一致することを示す．さらに，凸関数はその定義域上ほとんどいたる所で微分可能であり，微分可能な点の集合上で偏微分が連続であることを示す．さらに，2 階微分可能関数について，それが凸関数であるための必要十分条件がその Hesse 行列が非負定値であることを示す．以上のような凸関数に関する基本事項の理論展開は今日の凸解析や最適化理論のほとんどの書物に採用されているが，このように整理したのは本書が最初である．そして，凸関数の閉性が理論展開の要点であることを見抜き凸関数の閉包と閉凸関数の概念を確立したのも本書である．

第 3.5 節で今日 Fenchel の共役として広く知られた概念が登場する．定義域 C の凸関数 $f(x)$ の共役凸関数 $\varphi(\xi)$ を

$$\varphi(\xi) = \sup_{x \in C}(x'\xi - f(x))$$

と定義する．この定義も第 2 章の凸集合の双対性と同様に，射影空間の極対

応に触発され導く．定義域 C の凸関数 $f(x)$ のエピグラフ $[C,f]$ はアフィン空間 $A^{n+1}(x_1,\ldots,x_n,z)$ 内の凸集合である．A^{n+1} 内の放物面

$$2z = x_1^2 + \cdots + x_n^2$$

に関する極対応による $[C,f]$ の双対集合 $[C,f]^*$ をエピグラフとする凸関数 $\varphi(\xi)$ を $f(x)$ の共役と捉える．この理解を数式に整理したものが上記の定義式である．著者が一貫して双対概念を拠り所として新しい概念を作り出すところが観察できる．当然成立することであるが，$f(x)$ が閉でその共役を $\varphi(\xi)$ とするならば，$\varphi(\xi)$ の共役が $f(x)$ と一致することを示す．そして，共役に関連するいくつかの命題を示すが，ここでは次節の一般化された計画問題に応用する命題 41 に注目することにする．この命題は，2 つの凸関数 $f_1(x)$ と $f_2(x)$ の和 $f_1(x)+f_2(x)$ の共役 $\varphi(\xi)$ が $f_1(x)$ の共役 $\varphi_1(\xi)$ と $f_2(x)$ の共役 $\varphi_2(x)$ によってどのように表されるかという問題に答えるものである．細かい仮定を省いて結果のみを記すと，

$$\varphi(\xi) = \inf_{\substack{\xi^1\in\Gamma_1,\ \xi^2\in\Gamma_2 \\ \xi^1+\xi^2=\xi}} (\varphi_1(\xi^1) + \varphi_2(\xi^2))$$

が結論である．すなわち，和の共役は共役の下限畳み込みに等しい．そして，複数の凸関数の上限関数の共役の考察に移り，その結果を適当に解釈することにより，それが凸集合族に関する Helly の定理の一般化であることを示す．ここでは凸集合をその指示関数と同一視し簡単な構造をもつ凸関数と解釈する．この見方は今日では常識的であるが，この同一視を明確に用いたのは本書が最初である．

第 3.6 節で上記命題 41 を用いて凸計画問題の双対定理 (命題 47) を確立する．細かい仮定は本文に譲るが，凸集合 C 上で定義された閉凸関数 $f(x)$ と Γ 上のその共役 $\varphi(\xi)$，凸集合 D 上で定義された閉凹関数 $g(x)$ と Δ 上のその共役 $\psi(\xi)$ に対し，等式

$$\sup_{x\in C\cap D} (g(x) - f(x)) = \inf_{\xi\in\Gamma\cap\Delta} (\varphi(\xi) - \psi(\xi))$$

が成立することを主張する定理である．即ち，左辺で表現される凹関数の最適化問題と右辺で表現される凸関数の最適化問題の最適値の間に間隙が生じ

ないことを保証するものである．そして，鞍点問題に沿ってこの双対定理を解釈することにより鞍点定理をえる．さらに，この鞍点定理の特別な場合として，零和二人ゲーム理論の主定理を証明する．当時活発に議論されていた数理計画問題に凸解析を適用した事例であり，この流れは現在も引き継がれている．

本書の最後の2節で準凸関数が凸関数に変換可能であるための条件について議論する．これに関してはde Finettiの先行研究[13]があり，そこではレベル集合がコンパクトであるとの仮定の下で議論されていたが，本書ではそのコンパクト性の仮定をはずすことに成功する．下半連続準凸関数 $\varphi(x)$ のレベル集合族 $\{L_\tau\}$ が満たすべき条件を確定し，それが凸関数のレベル集合族に変換可能である，即ち，ある狭義単調増加連続関数 $F(\tau)$ が存在し合成関数 $F(\varphi(x))$ が凸関数となることを保証するために付加すべき条件を考察する．その第1の条件として，すべての L_τ が共通の法線錐を持つ必要があることを明らかにする．その結果すべての L_τ が共通の漸近錐をもつことになる．準凸関数と凸関数ではそのレベル集合の漸近錐の様相に大きな相違があるのである．しかし，この条件だけでは十分ではなく，$\varphi(x)$ のレベル集合族の支持関数と $F(\tau)$ から決まるある種の関数が凹関数である場合に十分になることを明らかにする．

第3.8節では，前節の問題で $\varphi(x)$ に2階微分可能性を仮定した場合について考察を進める．そして，$F(\varphi(x))$ が凸関数となるような2階微分可能狭義単調増加関数 $F(\tau)$ の存在のための必要十分条件を，$\varphi(x)$ の1階微分の1次形式と2階微分の2次形式の間の関係性に注目して導く．この過程で上記先行研究の誤りを訂正している．

以上本書の内容の概要を記した．凸錐，凸集合，凸関数の基本的性質を網羅し，劣微分という用語は本書に現れないがその考えはすでに現われ，共役関数に関連して双対定理を確立し，それを凸計画問題の双対性に応用する．このような理論展開は今日流布する多くの凸解析の教科書に見ることができ，その模範となっている．この意味でも本書は現代凸解析の古典と呼ぶにふさわしい文献である．

最後に，翻訳の過程で気がついたことを読者の参考のために書き添える．今日では凸関数は実数に加えて無限大もその値としてとることを許し，その定義域を空間全体まで拡張する．凸関数の定義域を一律空間全体とし，無限大を含めた実数の演算規則に本来の定義域の情報を含めるという，Moreau-Rockafellar 流の立場をとるのが主流である．しかし，本書では凸関数の定義域を常に明確に意識するという立場をとっており，凸関数とその定義域である凸集合の組を明示し議論を進めている．どちらの立場をとっても凸関数がもつ情報量に変化はないので議論に齟齬をきたす心配はない．

原書は通常のモノグラフと比べ講義録という性格のためか，本文があまり整理されていないと感じるところが少からずあった．たとえば，第 1 章では定理，命題，補題が区別され，主張の軽重が明確に示されているが，第 2 章，第 3 章では主張にただ連番が振られるのみである．著者の考えを本文だけから推測するのは難しいので，これらにはすべて命題を冠することにした．従って，第 1 章で定理としている主張と第 2 章，第 3 章で命題としている主張を比べて定理とする主張が命題とするそれより重要であるとは限らない．

訳者の見解では原文の推論が冗長に思える部分，説明不足と思える部分，明解さを欠くと思える部分があったが，それを書換えることは控えた．訳者の余計な考えを持ち込み訳者には思いもつかない著者の思考過程を覆い隠し，その結果読者の不利益となることを恐れたからである．従って，逐語訳をしても意味が通じると判断した場合には，流暢な日本語に直すことよりも，著者の思考過程を明確にすることを心掛けた．しかし，単なる書き誤りや書き落しと判断できる部分については訳者の独断で訂正し，表立った指摘はしなかった．しかしながら，第 3 章命題 41 は本書に記された結果の中でも特に重要なもののひとつであるが，仮定が不十分である．このことが，R.T. Rockafellar, Duality Theorems for Convex Functions, Bull. Amer. Math. Soc. 70(1964), 189–192 において指摘され訂正されている．本書では，以後の議論との繋がりを考慮して，この論文とは幾分異なる形で訂正してある．それに伴ない命題 47 の仮定にも修正を加えた．

参 考 文 献

[1] Alexandroff, A. D., Almost everywhere existence of the second differential of a convex function and some properties of convex surfaces connected with it. [Leningrad State Univ. Annals, Math. Ser., 6 (1939), 3 – 35.]

[2] Anderson, R. D., and Klee, V. L. Jr., Convex functions and upper semi-continuous collections. [Duke Math.J.19 (1952), 349 – 357.

Aumann, George, see Haupt, Otto; Aumann, Georg; Pauc, Christian.

[3] Bateman, P. T., Introductory material on convex sets in euclidean space. [Seminar on convex sets (The Institute for Advanced Study) Princeton 1949 – 1950, 1 – 26.]

[4] Beckenbach, E. F., Convex functions. [Bull.Amer.Math.Soc.54 (1948), 439 – 460.]

[5] Blumenthal, Leonard M., Metric methods in linear inequalities. [Duke Math. J. 15 (1948), 955 – 966.]

[6] ———, Two existence theorem for systems of linear inequalities. [Pacific J.Math.2 (1952), 523 – 530.]

[7] Bohnenblust, H. F., Karlin, S., and Shapley, L. S., Games with continuous, convex pay-off. [Contributions to the theory of games (Annals of Mathematics Study 24) Princeton 1950, 182 – 192.]

[8] Bonnesen, T. and Fenchel, W., Theorie der konvexen Körper. [Ergebnisse der Mathematik 3, 1, Berlin 1934, New York 1948, 164 p.]

[9] Botts, Truman, Convex sets. [Amer.Math.Monthly, 49 (1942), 527 – 535.]

[10] Brunn, Hermann, Über curven ohne Wendepunkte. [München 1889, 74

p.]

[11] Bunt, L. N. H., Bijdarage tot de therie der convexe puntverzameingen. [Dissertation Amsterdam 1934, 108 p.]

[12] Busemann, Herbert, and Feller, Willy, Krümmungseigenschaften konvexer Flächen. [Acta Math. 66 (1935), 1 – 47.]

[13] de Finetti, Bruno, Sulle stratificazioni connvesse [Ann. Mat. Pura Appl. (4) 30 (1949), 173 – 183.]

[14] Dines, L. L., Convex extensions and linear inequalities. [Bull. Amer. Math. Soc. 42 (1936), 353 – 365.]

[15] ———, On convexity. [Amer. Math. Monthly 45 (1938), 199 – 209.]

[16] Dines, L. L., and McCoy, N. H., On linear inequalities. [Trans. Roy. Soc. Canada, Sect. III (3) 27 (1933), 37 – 70.]

[17] Dukor, I. G., On a theorem of Helly on collections of convex bodies with common points. [Uspenkhi Matem. Nauk. 10 (1944), 60 – 61."

Feller, Willy, see Busemann, Herbert, and Feller, Willy.

[18] Fenchel, W., On conjugate convex functions. [Canadian J. Math. 1 (1949), 73 –77.]

[19] ———, A remark on convex sets and polarity. [Medd. Lunds Univ. Mat. Sem. (Supplementband tillägnat Marcel Riesz) 1952, 82 – 89.]

———, see Bonnesen, T., and Fenchel, W.

[20] Friedman, Bernhard, A note on convex functions. [Bull. Amer. Math. Soc. 46 (1940), 473 –474.]

[21] Gale, David, Convex polyhedral cones and linear inequalities. [Activity Analysis of Production and Allocation (Cowles Commission Monograph 13) New York 1951, 287 – 297.]

[22] Gale, David; Kuhn, Harold W.; Tucker, Albert W., Linear programming and the theory of games [Activity Analysis of Production and Allocation (Cowles Commission Monograph 13) New York 1851, 317 – 329.]

[23] Galvani, L., Sulle funzioni convesse di una o due variabili deginite in un aggregato qualunque. [Rend. Circ. Mat. Palermo, 41 (1916), 103 –

134.]

[24] Gerstenhaber, Murray, Theory of convex polyhedral cones. [Activity Analysis of Production and Allocation (Cowles Commission Monograph 13) New York 1951, 298 – 316.]

[25] Green, J. W. and Gustin, W., Quasiconvex sets. [Canadian J. Math. 2 (1950), 489 – 507.]

[26] Gustin, Willian, On the interior of the convex hull of a euclidean set. [Bull. Amer. Math. Soc. 53 (1947), 299 – 301.]

———, see Green, J.W., and Gustin, W.

[27] Haar, A., Die Minkowskische Geometrie und die Annäherung an stetigeFunktionen. [Math. Ann. 78 (1918), 294 – 311.]

[28] Hanner, Olof, Connectedness and convex hull. [Seminar on convex sets (The Institute for Advanced Study) Princeton 1949–1950, 35–40.]

[29] Hanner, Olof, and Rådström, Hans, A generalization of a theorem of Fenchel. [Proc. Amer. Math. Soc. 2 (1951), 589 – 593.]

[30] Haupt, Otto; Aumann, Georg; Pauc, Christian, Differential und Integralrechung. I. Band, zweite Auflage, Berlin 1950, 210 p.

[31] Helly, E., Über Systeme linearer Gleichungen mit unendlich vielen Unbekannten. [Monatsh. Math. Phys. 31 (1921), 60 – 91.]

[32] Hölder, O., Über einen Mittelwertsatz. [Nachr. Ges. Wiss. Göttingen 1889, 38 – 47.]

[33] Horn, Alfred, Some generalizations of Helly's theorem on convex sets. [Bull. Amer. Math. Soc. 55 (1949), 923 – 929.]

[34] Jensen, J. L. W. V., Sur les fonctions convexes et les inégalités entre les valeurs moyennes. [Acta Math. 30 (1906), 175 – 193.]

Karlin, S., see Bohnenblust, H.F., Karlin, S., and Shapley, L.S.

[35] Karlin, S., and Shapley, L. S., Some applications of a theorem on convex functios. [Ann. of Math. 52 (1950), 148 – 153.]

[36] Kirchberger, P., Über Tschebyschefsche Annäherungsmethoden. [Math. Ann. 57 (1903), 509 – 540.]

[37] Klee, V. L. Jr., On certain intersection properties of convex sets.

[Canafian J. Math. 3 (1951), 272 – 275.]

———, see Anderson, R. D., and Klee, V. L. Jr.

[38] Kneser, H., Eine Erweiterung des Begriffes "konvexer Körper". [Math. Ann. 82 (1921), 287 – 296.]

Kuhn, H. W., see Gale, David; Kuhn, Harold W.; Tucker, Albert W.

[39] Kuhn, H. W., and Tucker, A. W., Nonlinear programming. [Proceedings of the Second Berkeley Symposium on Mathematical Statistics and Probability, Berkeley 1951, 481 – 492.]

[40] La Menza, Francisco, Los sistemas de inecuaciones lineales y sus aplicaciones al estudio de los cuerpos convexos. [An. Soc. Ci. Argent. 121 (1936), 209 – 248; 122 (1936), 86 – 122, 297 – 310, 381 – 394; 124 (1937), 157 – 175, 248 – 274.]

[41] Lannér, Folke, On convex boies with at least one point in common. [Kungl. Fysiografiska Sällskapets i Lund Förhandlinger 13 no. 5, 41 – 50 (1943), also Medd. Luns Univ. Mat. sem. 5 (1943).]

[42] Levi, F. W., Ein Reduktionsverfahren für lineare Vektorungleichungen. [Arch. Math. 2 (1949), 24 – 26.]

[43] ———, On Helly's theorem and the axioms of convexity. [J. Indian Math. Soc. (N. S.) Part A, 15 (1951), 65 – 76.]

[44] Lorch, E. R., Differetiable inequalities and the theory of convex bodies. [Trans. Amer. Math. Soc. 71 (1951), 243 – 266.]

[45] Macbeath, A. M., Compactness theorems. [Seminar on convex sets (The Institute for Advanced Study) Princeton 1949 – 1950, 41 – 51.]

[46] Mandelbrojt, Szolem, Sur let fonctions convexes. [C. R. Acad. Sci. Paris 209 (1939), 977 – 978.]

McCoy, N. H., see Dines, L. L., and McCoy, N. H.

[47] Minkowski, Hermann, Geometrie der Zahlen. Leipzig and Berlin 1896, 1910, 256 p.

[48] ———, Theorie der konvexen Körper, insbesondere Begründung ihres Oberflächenbegriffs. [Gesammelte Abhanlungen, Zweiter Band; Leipzig and Berlin 1911, 131 – 229.]

[49] Motzkin, Th., Beiträge zur Theorie der linearen Ungleichungen. [Inaugral-Dissertation Basel, Jerusalem 1936, 71 p.]

[50] Nagy, Béla de Sz., Sur les lattis linéaires de dimension finie. [Comment. Math. Helv. 17 (1945), 209 – 213.]

Pauc, Christian, see Haupt, Otto; Aumann, Georg; Pauc, Christiann.

[51] Popoviciu, Tibere, Les fonctions convexes. [Actualités scientifiques et industrielles 992, Paris 1945, 76 p.]

[52] Rademacher, Hans and Schoenberg, I. J., Convex domains and Tchebycheff's approximation problem. [Canadian J. Math. 2 (1950), 245 – 256.]

[53] Rado, R., A theorem on Abelian groups. [J. London Math. Soc. 22 (1947), 219 – 226.]

[54] Rådström, Hans Polar reciprocity. [Seminar on convex sets (The Institute for Advanced Study) Princeton 1949 – 1950, 27 – 29.]

———, see Hanner, Olof and Rådström, Hans.

[55] Rédei, L., Über die Stützebenenfunktion konvexer Körper. [Math. Naturwiss. Anz. Ungar, Akad. Wiss. 60 (1941), 64 – 69.] (Hungarian, German summary.)

[56] Robinson, Charles V., Spherical theorems of Helly type and congruence indices of spherical caps. [Amer. J. Math. 64 (1942), 260 – 272.]

Schoenberg, I. J., see Rademacher, Hans; and Schoenberg, I. J.

Shapley, L. S., see Bohnenblust, H. F., Karlin, S., and Shapley, L. S.

———, see Karlin, S., and Shapley, L. S.

[57] Steinitz, E., Bedingt konvergente Reihen und konvexe System. I, II, III. [J. Reinne Angew. Math. 143 (1913), 128 – 175; 144 (1914), 1 – 40; 146 (1916), 1 – 52.]

[58] Stoker, J. J., Unboundedd convex sets. [Amer. J. Math. 62 (1940), 165 – 179.]

[59] Stolz, Otto, Grundzüge der Differential und Integralrechnung. Erster Theil. Leipzig 1893, 460 p.

[60] Straszewicz, Stefan, Epiträge zur Theorie der konvexen Punktmengen.

[Dissertation Zürich 1914, 57 p.]

[61] ———, Über exponierte Punkte abgeschlossenner Punktmengen. [Fund. Math. 24 (1935), 139 – 143.]

[62] Tortorici, P., Sui massimi e minimi delle funzioni convesse. [Atti Accad. Naz. Lincei. Rend. (4) 14 (1931), 472 – 474.]

[63] Tucker, A. W., Extensions of theorems of Farkas and Stiemke. [Bull. Amer. Math. Soc. 56 (1950), 57.]

———, see Gale, David; Kuhn, Harold W.; Tucker, Albert W.

———, see Kuhn, H. W., and Tucker, A. W.

[64] Vincensini, Paul, Sur une extension d'un théorèm de M. J. Radon sur les ensembles convexes. [Bull. Soc. Math. France 67 (1939), 115 – 119.]

[65] von Neumann, J., Some matrix-inequalities and metrization of metric-space. [Mitt. Forsch. - Inst. Math. Mech. Univ. Tomsk, 1 (1937), 286 – 299.]

[66] Weyl, H.m Elementare Theorie der konvexen Polyder. [Comment. Math. Helv. 7 (1935), 290 – 306.](English translation, Contributions to the theory of games, Annals of Mathmatics Study no. 24, Princeton 1950, 3 – 18.)

[67] Young, L. C., On an inequality of Marcel Riesz. [Ann. of Math. 40 (1939), 567 – 574.]

索　引

小宮　英敏（こみや・ひでとし）

東京生まれ。昭和52年東京工業大学理学部情報科学科卒業。昭和57年東京工業大学理工学研究科情報科学専攻修了。理学博士。現在慶應義塾大学商学部教授。凸解析学専攻。
〔主要業績〕『最適化の数理 I —数理計画法の基礎』（知泉書館，2012年），Convexity on a Topological Space, Fund. Math. 111(1981), 107-113. Coincidence Theorem and Saddle Point Theorem, Proc. Amer. Math. Soc. 96(1986), 599-602. Inverse of the Berge Maximum Theorem, Econ. Th. 9(1997), 371-375. A Distance and a Binary Relation Related to Income Comparisons, Adv. Math. Econ., 11(2008), 77-93. Fixed Point Properties Related to Multi-valued Mappings, Fixed Point Th. Appl., 2010(2010), doi: 10.1155/2010/ 581728.

〈数理経済学叢書 6〉

〔凸解析の基礎〕　ISBN978-4-86285-246-5

2017年1月25日　第1刷印刷
2017年1月30日　第1刷発行

訳　者　小　宮　英　敏
発行者　小　山　光　夫
製　版　ジ　ャ　ッ　ト

発行所　〒113-0033 東京都文京区本郷1-13-2
電話03（3814）6161 振替00120-6-117170
http://www.chisen.co.jp
株式会社　知泉書館

Printed in Japan　印刷・製本／藤原印刷